国家自然科学基金青年科学基金项目（52204128）
山西省基础研究计划资助项目（202403021212135）
山东省自然科学基金青年基金项目（ZR2024QE103）

基于离散元法的
含水砂岩细观时效变形机理研究

付腾飞　贾瀚文◎著

中国矿业大学出版社
· 徐州 ·

内 容 提 要

本专著以砂岩为研究对象，采用理论分析、室内试验和数值模拟等方法，开展了基于 Voronoi 多面体离散元的不同饱和度砂岩细观时效变形特性研究。在细观尺度上建立了非均质含水砂岩细观时效变形模型，分析了不同饱和度砂岩三轴压缩变形破坏特性和细观时效变形特性，并应用非均质含水砂岩细观时效变形模型分析了恒定饱和度砂岩内部水分空间分布对其强度的影响。研究结果揭示了水对岩石力学特性的影响规律及水-岩石相互作用机理，为分析水-岩石相互作用影响下岩土工程的变形特征和长期稳定性提供了理论基础。

本专著可供岩石力学和岩土工程等相关领域的研究人员使用，也可为水利工程与地质灾害防治领域从业者提供参考。

图书在版编目(CIP)数据

基于离散元法的含水砂岩细观时效变形机理研究 / 付腾飞，贾瀚文著. — 徐州 ：中国矿业大学出版社，2025. 2. — ISBN 978-7-5646-6640-8

Ⅰ. P588.21

中国国家版本馆 CIP 数据核字第 20257VL239 号

书　　名　基于离散元法的含水砂岩细观时效变形机理研究
著　　者　付腾飞　贾瀚文
责任编辑　吴沛沛
出版发行　中国矿业大学出版社有限责任公司
　　　　　（江苏省徐州市解放南路　邮编 221008）
营销热线　(0516)83885370　83884103
出版服务　(0516)83995789　83884920
网　　址　http://www.cumtp.com　**E-mail**:cumtpvip@cumtp.com
印　　刷　徐州中矿大印发科技有限公司
开　　本　787 mm×1092 mm　1/16　**印张** 7.25　**字数** 185 千字
版次印次　2025 年 2 月第 1 版　2025 年 2 月第 1 次印刷
定　　价　38.00 元

前　言

地壳岩石大多赋存于一定的地下水环境中，地下水与岩石之间发生物理化学和力学相互作用，导致岩石物理力学性质劣化，进而对岩体边坡、地下隧道等岩土工程的长期稳定性产生显著影响。因此，含水状态下岩土力学性质的研究一直是岩土工程的重点问题。本书以砂岩为研究对象，采用理论分析、室内试验和数值模拟等手段相结合的方法，开展基于沃罗诺伊(Voronoi)多面体离散元的不同饱和度砂岩细观时效变形特性研究。主要研究内容包括：

(1) 基于非饱和砂岩细观结构和毛细定律，推导考虑饱和度的有效应力方程和应力腐蚀方程，提出局部等效界面结构，建立考虑砂岩矿物颗粒材料非均质、几何形状非均质及颗粒界面强度非均质的含水砂岩数值模型，建立非均质含水砂岩细观时效变形模型。

(2) 利用核磁共振成像技术定量表征非饱和砂岩水分运移时空分布特征，研究不同浸水时间条件下砂岩体积含水率演化规律和不同浸水方式对水分运移的影响；基于核磁共振试验数据，模拟不同浸水时间条件下试样内部水分运移特性，并应用非均质含水砂岩细观时效变形模型分析恒定饱和度砂岩内部水分空间分布对其强度的影响。

(3) 自主研制恒湿环境下不同饱和度岩石试样制备装置，制备水分分布均匀的不同饱和度砂岩试样，开展不同饱和度条件下砂岩常应变率压缩试验，模拟分析常应变率压缩条件下不同饱和度砂岩的损伤(微裂纹)演化规律以及抗压强度的变化规律等。利用本书建立的非均质含水砂岩细观时效变形模型，研究不同饱和度和不同应力水平条件下砂岩轴向应变和微裂纹随时间的演化特征以及饱和度与轴向稳态蠕变应变率和破坏时间的关系。

(4) 采用地球物理方法和不同深度孔隙水压力系数测试确定抚顺矿业集团有限责任公司西露天矿(以下简称抚顺西露天矿)北帮的松动卸荷带，建立抚顺西露天矿北帮 E2400 和 E1000 地质模型，分析地下水位对北帮 E2400 时效变形的影响，研究北帮 E2400 时效变形过程中地表沉降分布特征和北帮 E1000 的时效变形失稳过程，给出考虑岩质边坡时效变形的边坡稳定性评价。

著　者

2024 年 7 月

目　录

第1章　绪　论

1.1　研究背景及意义

近年来，随着我国基础设施建设智能化、生态化和数字化的推进，铁路、水电站和采矿等行业都发展迅速，而边坡和隧道等岩土工程是铁路、水电站和采矿等行业的主体和关键工程。大量复杂岩土工程的建设在我国基础设施建设中占据越来越重要的地位，同时也给岩土工程建设带来了更多的机遇和挑战。岩土工程的稳定性对整个工程的安全性和社会经济效益都有重大影响，是施工和后期维护中不得不考虑的重要问题。

岩土工程施工中，地质体的原有地质环境平衡被打破，地质体内地应力重新分布，造成岩体结构渐进损伤和破裂，导致工程岩体出现变形失稳，从而引发工程地质灾害（如岩体滑坡、隧道突水等）。同时岩体结构的流变性质也会导致工程岩体在其长期服役过程中随时间延长继续发生损伤变形甚至破坏，因此工程岩体的力学性质和长期稳定性一直是国内外学者关注的重点[1-4]。另外，水广泛存在于地壳岩体内部的细观缺陷（裂隙、孔洞等）中，水与岩体之间不断发生物理化学作用，改变岩体的受力状态和矿物组成与结构，劣化岩体力学性质。水对岩体力学性质的影响主要包括力学作用和物理化学作用，其中，前者包括静水压力的有效应力作用和动水压力的冲刷作用，后者主要包括水对岩体产生的润滑作用、溶解作用、冲刷运移作用、离子交换作用和溶蚀作用等。由水触发的工程地质灾害在岩土工程中时常发生（图1-1）[5-8]。例如：对于露天矿山，地下水和地表水会劣化边坡岩体强度，同时地下水位的上升和下降常常引起边坡地下水渗流场变化，产生孔隙动水压力和浮托力等，诱发边坡失稳破坏，发生滑坡；对于煤炭地下开采，煤层的开挖导致煤层顶底板发生损伤变形并生成大量微裂纹，地下水更容易以孔隙水压力、离子交换和冲刷运移等形式弱化底板煤岩体强度，促进底板中形成导水裂隙带，工作面或采掘巷道发生突水灾害；对于地下工程，隧道常常穿越岩溶发育区、复杂破碎断层带、高压富水软弱岩层等不良地质条件，这些区域的地下水活动易引发溶蚀和渗流作用，导致隧道围岩自稳能力变差，可能诱发隧道高压涌水、围岩失稳乃至塌方等工程灾害。所以，充分认识和深入了解水对岩石力学性质的劣化影响机理对于岩土工程的稳定性研究及支护方案研究有重要意义。

长期的地质构造作用使岩石成为一种内部天然包含微裂纹和孔隙等细观缺陷的地质结构体。岩石的非均质、非线性、不连续及各向异性等特性使得无法用解析法简单地求解其力学问题。相比之下，岩石力学数值分析具有精度高、效率高、成本低等优势，这种方法能够模拟出岩石复杂的力学特征与结构特性，为工程的安全稳定提供保障，而且计算机技术的巨大发展进一步扩大了数值分析方法的适用性，因此，数值分析是解决岩土工程问题的有效手段之一。常用的数值分析方法包括有限元法、离散元法、有限差分法、流形元法、

(a) 抚顺西露天矿北帮滑坡　　(b) 底板突水事故

图 1-1　水触发的岩土工程地质灾害实例

边界元法等。其中离散元法能够有效模拟岩石变形破裂过程中细观尺度上发生的非线性大变形特征和微裂隙生成、扩展过程，而被广泛用于研究岩石材料宏观破坏演化的细观力学机制。

综上所述，水与岩石的相互作用在岩质边坡、矿山巷道、地下硐室等岩体工程中十分常见，其对岩土工程的长期稳定性和安全性具有重要的影响，有必要继续深入开展水对岩石强度和时效变形特性的影响研究，进一步揭示水-岩石相互作用机理。本书基于 Voronoi 多面体离散元模型，考虑砂岩的细观结构特征以及水对砂岩的力学-物理化学耦合作用，建立非均质含水砂岩细观时效变形理论模型，分析不同含水饱和度条件下砂岩三轴压缩变形破坏特性和细观时效变形机制。研究成果不仅有助于明确水对岩石力学特性的影响规律及水-岩石相互作用机理，而且能为水-岩石耦合作用下岩土工程的变形特征分析及长期稳定性评价提供重要的理论依据。

1.2　国内外研究现状

1.2.1　离散元数值方法研究现状

随着计算机性能的提升和数值分析方法的优化，数值分析方法被更广泛地运用于岩石宏细观变形破裂特性和岩土工程稳定性研究。目前常用的数值分析方法主要分为：(1) 连续介质方法，包括有限元法、有限差分法、有限体积法和边界元法等；(2) 连续-非连续介质耦合方法，包括有限元-离散元耦合法、连续-非连续单元法和数值流形元法等；(3) 非连续介质方法，包括离散元法和非连续变形分析法等。由于非连续介质方法能够有效模拟岩石材料大变形及破坏问题，且可对更复杂几何、加载等条件下的岩石力学特性进行研究，在跨尺度研究岩石、岩体力学特性方面具有优势，得到了众多学者的肯定。离散元法是由康德尔(Cundall)于 1971 年提出的一种用于解决非连续介质问题的数值模拟方法。该方法将岩体视为离散的岩块和岩块之间的节理面组成的材料，模拟计算过程中，岩块可以发生转动和变形，节理面则允许被压缩、分离或滑动。根据显式积分方法和牛顿第二定律来计算块体的变形量、加速度、速度和位移，循环往复不断迭代直到模型达到平衡状态。非连续变形分析是基于最小势能原理发展的一种隐式离散元法[9]。非连续变形分析法和离散元法类似，也是用裂隙和节理将材料切割为小的块体，但是非连续变形分析法中块体之间通过罚函数法施加接触准则，且块体之间严格满足无嵌入和无拉伸条件，根据最小势能原理获得系统的控制方程。当前对非连续变形分析法以二维模型开展了大量研究[10-12]，而有关三维计算的应用研究较少。

离散元法在岩土工程领域中广泛应用的软件有UDEC、3DEC和PFC2D/3D等，这些软件可以利用块体或颗粒体建立具有复杂几何结构的岩石数值模型，模拟岩石的宏细观变形破裂过程。Potyondy[13]在PFC2D中引入等效晶质模型(grain-based model，GBM)模拟了晶质岩石的细观结构。基于等效晶质模型，Peng等[14-15]研究了花岗岩微裂纹扩展演化过程和破裂模式，并分析了矿物晶粒尺寸非均匀分布对花岗岩强度和变形的影响。胡训健等[16]将等效晶质模型和平行黏结应力腐蚀模型(parallel-bonded stress corrosion model，PSC)相结合，进行了花岗岩单轴压缩下单级加载蠕变模拟，研究了模型中晶体粒径分布对花岗岩稳态蠕变率、长期强度等蠕变性质的影响。Song等[17]利用非线性的平行黏结应力腐蚀模型模拟了人工合成的类岩石材料在受到循环加卸载时材料的疲劳失稳过程。Kazerani等[18]和Fabjan等[19]在UDEC中建立了基于Voronoi多边形几何结构的数值模型，分别采用刚性多边形单元和可变形多边形单元，通过模拟多边形接触面的变形破坏来研究岩石的宏观破裂行为，证明了岩石的宏观力学性质与多边形接触面的力学属性有直接的相关性。Gao等[20-21]在Voronoi多边形离散元模型基础上将每个Voronoi多边形离散为多个三角形，实现了模型中多面体的穿晶破裂，有效模拟了低孔隙砂岩脆性破裂特性。Tan等[22]将Voronoi多边形离散元模型与数字图像处理技术相结合，准确重构了花岗岩中矿物成分的含量和分布，并通过巴西劈裂模拟试验分析了矿物颗粒成分、大小和形状对试样破裂类型的影响。

相比二维离散元模型，三维离散元模型降低了个别块体或颗粒体力学行为的突出影响(即模拟中不出现大的应力降)，且增加了每个颗粒体或块体的自由度，能够准确再现三维应力状态下室内试验结果，其模拟结果与岩石试样内部微裂纹萌生、扩展和贯通的演化过程呈现的空间展布和声发射试验得到的三维空间分布相吻合。众多学者利用三维离散元模型开展了很多相关研究。Potyondy[23]在应力腐蚀理论的基础上提出了基于PFC3D的平行黏结应力腐蚀模型，解释了不同加载时间和不同应力水平影响下岩石内部微裂纹萌生和扩展机理。赵博等[24]利用PFC3D的平行黏结应力腐蚀模型模拟了不同上下限应力比条件下岩石疲劳损伤过程。Ghazvinian等[25]利用开源软件Neper生成Voronoi镶嵌模型，并首次将其引入3DEC模拟了单轴压缩条件下脆性岩石的变形破裂过程，分析了细观力学参数敏感性和Voronoi颗粒的方向排列对模型力学性质的影响。Li等[26]利用Matlab软件生成了Voronoi镶嵌模型并引入3DEC，分析了颗粒数量对单轴压缩和巴西劈裂模拟中微裂纹演化和强度的影响，并验证了该模型从细观尺度模拟岩石非线性变形、应变软化等力学性质的有效性。Christian等[27]基于Voronoi镶嵌模型构建了盐岩数值试样模型，并将试样中颗粒的本构关系设置为应变硬化型莫尔-库仑模型，以实现盐岩颗粒位错导致盐岩发生塑性变形的数值模拟过程，模拟结果与试验结果及声发射监测数据一致。

基于不同形状和尺寸的Voronoi多面体镶嵌构建的Voronoi多面体离散模型能够更真实地反映岩石材料的细观结构特征，且在外力作用下，该模型内部Voronoi多面体之间的界面发生渐进破坏，生成微裂纹，由于界面方向随机分布，微裂纹生成路径对模型的依赖性显著降低，使得模型中微裂纹的生成和扩展路径与岩石实际破裂情况更接近。这些特点说明 Voronoi 多面体离散模型是一种研究岩石宏观破裂的细观力学机制的有效方法。

1.2.2 岩石时效变形破裂研究现状

岩石材料(如砂岩、玄武岩、花岗岩)在低于其瞬时强度的恒定应力持续作用下,其变形随时间推移而增加,直至岩石发生破坏,且岩石发生破裂所需的时间与施加的应力值成反比,这种现象被称为静态疲劳或蠕变(即时效变形)[28]。岩石的时效变形行为常常对岩土工程结构(如矿井巷道[29]、隧道和地下硐室[30-31]、核能废物储存库[32]和岩石边坡[33]等)的长期稳定性和安全性产生重要影响。对此,许多学者从岩石时效变形试验和理论模型等方面对岩石时效变形特性进行了研究。

岩石单轴压缩蠕变试验的研究成果最为丰富,其主要分为单级加载和分级加载两种方式[34-36]。李化敏等[37]通过单轴压缩蠕变试验发现,南阳大理石的蠕变曲线包括减速蠕变、稳定蠕变和加速蠕变三个典型阶段,试验得到蠕变强度与峰值强度比值约为 0.9。崔希海等[38]通过单轴压缩蠕变试验发现,红砂岩的横向稳定蠕变阶段的应力阈值低于轴向稳定蠕变阶段的应力阈值,且横向蠕变表现出更强的规律性,有更明显的加速蠕变阶段。蔡燕燕等[39]对经过蠕变预处理(施加不同应力水平和蠕变时间)的大理岩试样进行单轴压缩试验,试验结果显示,经过低应力水平蠕变作用(裂隙压密和弹性阶段蠕变预处理)后大理岩的破坏模式以劈裂破坏为主,经过高应力水平蠕变作用(屈服阶段蠕变预处理)后大理岩的破坏模式为剪切与劈裂组合破坏,且破碎程度较高。张清照等[40]利用过渡蠕变法得到绿片岩试样的长期强度值约为其瞬时强度值的 80%。地下工程岩体通常处于三轴应力状态下,因此,研究岩体在三轴压缩状态下的力学行为对揭示其本质特性具有重要意义[41]。张云龙等[42]对硬脆性辉绿岩进行三轴压缩流变试验发现,辉绿岩的流变破坏为体积扩容破坏,以剪切破坏为主,且围压越大剪切面越平整。肖明砾等[43]完成了石英云母片岩三轴压缩蠕变试验,结果表明,围压大小直接影响片岩的轴向蠕变量和破坏应力值。在工程扰动下(如开挖),岩体中原有的应力平衡被打破,岩体发生时效变形,许多学者针对这种在开挖卸荷条件下或循环加卸载条件下的流变变形行为开展了一系列分级卸荷、循环加卸载的蠕变研究[44-46]。闫子舰等[47]进行了恒轴压分级卸围压的三轴流变试验,试验结果表明,随着偏应力增大,锦屏大理岩的侧向蠕变应变率比轴向大,且试样产生宏观破裂前侧向的反应比轴向的更剧烈。黄达等[48]进行了大理岩三轴卸荷蠕变试验,分析了高应力条件下分级卸荷量对卸荷蠕变行为的影响,试验结果表明,大理岩破坏时偏应力值随分级卸荷量增大而减小,每级载荷作用下蠕变变形趋于稳定所需的时间随分级卸荷量增大而延长。

基于室内蠕变试验和工程现场岩体的时效变形监测结果,研究者建立了元件组合模型、经验公式模型、内时流变模型等理论模型来描述岩石的时效变形特性。元件组合模型的物理含义明确、直观,能全面反映岩石的时效变形特性,常用的组合模型包括开尔文(Kelvin)模型、麦克斯韦(Maxwell)模型、圣维南(Saint-Venant)模型、伯格(Burger's)模型、鲍埃丁-汤姆逊(Poyting-Thomson)模型和村山模型等[49],但这些常规组合模型大多只能描述减速蠕变和稳定蠕变两个阶段,对此,许多学者基于这些常规组合模型,增加了非线性牛顿体[50]、分数阶黏滞体[51-52]、非线性黏塑性体[53-55]、损伤因子[56-57]等元件,建立了可以充分反映岩石加速流变特性的新组合模型。徐卫亚等[53]将非线性黏塑性体引入西原模型,建立了岩石七元件非线性流变黏弹塑性流变模型(河海模型),研究了岩石的非线性蠕变和松弛特性。何志磊等[58]基于锦屏大理岩在蠕变过程中剪切模量和黏滞系数的非定常特性,建立了分数阶导数非定常蠕变本构模型,该模型较好拟合了大理岩的剪切蠕变特性。陈沅江等[59]基于内时理论和不可逆热力学原理,引入损伤变量和牛顿时间建立了内时流变本构模型,有效描述了岩石蠕变过程的三个阶段和岩石的松弛特性。但是随着新元件的引入和元件数量的增加,模型参数的确定和模型辩识越来越困难,特别是在复杂应力应变条件下模型的求解会十分复杂。

工程实例表明,地应力及开挖扰动作用下自然岩体的损伤破裂过程是一个裂隙萌生、发育、扩展以及贯通的过程。根据断裂力学原理,在外力作用下脆性岩石内部微裂纹的裂纹尖端上的应力强度因子达到断裂韧度时,裂纹发生失稳扩展导致岩石直接破裂。但是研究发现,在特定的温湿度环境下,当裂纹尖端的应力强度因子介于断裂韧度和应力强度因子低限值之间时,裂纹尖端会发生裂纹稳定扩展。随着裂纹逐渐扩展到临界长度,其应力强度因子逐渐达到断裂韧度,最终导致裂纹失稳扩展,这种现象称为亚临界扩展[60-63]。亚临界裂纹扩展机理可以从应力腐蚀、扩散蠕变、溶解、离子交换和位错滑移流动等五个方面进行解释,这些机理从细观尺度上揭示了岩石材料时效变形机理。Atkinson 等[64-66]指出,浅层地壳(20 km 以上)中应力腐蚀是岩体发生亚临界裂纹扩展的主要机制。岩石在发生应力腐蚀过程中,水分子(H_2O)与石英矿物(SiO_2)发生作用:$[Si—O—Si]+H_2O \rightleftharpoons 2[SiOH]$,岩石中较强的 Si—O 键变为较弱的 Si—OH 键,降低了原子活化能。应力腐蚀作用导致岩石内部损伤随时间累积,进而影响其宏观力学行为,表现出时效特征。Wiederhorn 等[67]将应力腐蚀过程中裂纹扩展速率关系分为三个阶段:① 裂纹扩展速率主要受溶液中水的化学势能影响;② 裂纹扩展速率主要由溶液中水的浓度和水与溶液之间的黏度所决定;③ 水不影响裂纹扩展速率,裂纹扩展速率主要与液体的介电常数相关。曹平等[68]和 Eppes 等[69]利用双扭转试验得到了岩石亚临界裂纹扩展中应力强度因子与裂纹扩展速率之间的关系式。胡光辉等[70]将应力腐蚀理论引入颗粒流程序(PFC),通过以应力为因变量的腐蚀速率方程逐渐腐蚀缩短模型中不同颗粒之间接触长度的方式建立了基于 PFC 的岩石细观时效变形模型。Chen 等[71]基于亚临界裂纹扩展理论,考虑Ⅰ型、Ⅱ型及复合型裂纹扩展模式,利用通用离散单元法(UDEC)建立了 Voronoi 多边体细观时效变形模型,成功再现了岩石蠕变中减速、稳定和加速蠕变过程。综上所述,在细观尺度上利用应力腐蚀理论探究岩石的细观时效变形特性是一个有意义的尝试。

1.2.3 岩石介质水分运移研究现状

水或水溶液广泛存在于地壳岩体之中,岩体中的孔洞、裂隙等微缺陷为水或水溶液提供了储存空间和流动通道。水分分布不均匀的岩体中,水分受毛细力和重力驱动会自发发生运移[72],如降雨入渗改变岩质边坡中地下水位线以上非饱和带水分分布的过程、地下水库蓄水过程中坝体含水率的变化过程等都是水分发生运移的过程。许多学者围绕岩体水分运移过程中的水分特征曲线、吸水性系数、非饱和导水函数、孔隙结构等内容开展了一系列研究。无损检测技术能直接测量非饱和岩石中饱和度的分布和可视化岩石内部的水分流动,因此被广泛用于监测岩石内部水分的动态演化过程[73-76]。常用的无损检测技术主要有 X 射线 CT 成像技术(计算机断层成像技术)、中子成像技术、核磁共振成像技术等。

基于X射线的穿透性、荧光效应和感光效应，X射线CT成像技术能有效地测量和可视化多孔材料中的水分传递过程[77-79]。Akin等[80]利用X射线CT成像技术研究了Berea砂岩和硅藻土试样中水的自发入渗过程，分析了孔隙结构对水的自动扩散特征的影响。Taud等[81]结合X射线CT成像技术和灰度值方法计算了岩石孔隙体积分布。David等[82]和Pons等[83]研究了砂岩试样中损伤和应变局部化对毛细自吸的影响，研究发现，试样中的压实带明显减缓了毛细自发渗吸，干扰了水流的几何形状。David等[84]对14种碳酸盐岩和硅酸碎屑岩试样进行了一系列自发渗吸试验，将地震属性（P波波幅和波速）的演化与岩石孔隙中水的分布联系在一起。Oesch等[85]利用X射线CT成像技术测量了混凝土中湿润锋随时间的移动和三维分布变化。但是这种技术需要使用碘化钾等造影剂来识别不同饱和度多孔介质中水的运动和含量分布，而造影剂容易改变多孔介质的润湿行为。

中子成像技术主要基于中子束通过样品时的衰减特性，获得试样内部所含材料（如水、油）的空间分布、密度变化等信息，捕捉多孔材料在自发渗吸过程中水分含量的变化[86-88]。Kim等[89]利用中子成像技术研究了非饱和颗粒材料中颗粒形态（圆形和角形石英砂）对试样内水分分布的影响，研究结果显示，圆形石英砂中水分分布比角形石英砂中的更均匀。Zhao等[90-91]利用中子成像技术研究了低渗透砂岩非饱和渗流现象，研究结果显示，毛细力是岩石自发渗吸过程的主要驱动力，试样中的湿润锋位置与渗吸时间的平方根呈线性关系，砂岩试样的孔径、迂曲度、形状影响砂岩的非饱和渗透率。中子成像技术是研究多孔材料中富氢流体扩散的有效方法，但它需要相当复杂和昂贵的实验室设备和特定的安全措施，目前世界上只有少数研究所和高校拥有该设备。

核磁共振成像技术是一种利用原子核在强磁场内发生共振产生信号，重建图像的成像技术。该技术广泛应用于医学诊断和材料检测等领域，同时，也逐渐被应用于岩土孔隙结构变化、岩土固化机理、岩土流体迁徙过程等方面的研究[92-94]。Kuijpers等[95]研究了水-甘油混合物渗入多孔氧化铝材料的行为，确定了水和甘油入渗过程的速度和距离，研究结果表明，修正的沃什伯恩（Washburn）方程能很好地描述水和水-甘油混合物入渗氧化铝材料时湿润锋的移动速度，也能预测湿润锋位置随时间的变化规律。Carpenter等[96]证明了利用核磁共振成像技术是一种测量石灰岩中水分分布变化的有效方法，利用核磁共振成像技术测得的水分分布规律与采用非饱和渗流理论预测的结果是一致的。周科平等[97-98]利用核磁共振成像技术测量不同围岩、不同卸荷围压比的常规三轴压缩和加-卸载作用后不同岩样的孔隙度，建立了孔隙度和损伤值关系式，描述了岩石的三轴压缩细观损伤规律。Zhou等[99]利用核磁共振成像技术监测了砂岩试样在干燥和饱和过程中水分从试样表面逐渐进入试样内部和水分从试样表面逐渐蒸发的运移过程。

1.2.4 不同饱和度岩石变形破裂研究现状

研究水对岩石强度及其他力学性质的影响，对于理解岩石在自然环境中的变形破坏过程和防治岩体滑坡、巷道底板突水等工程灾害至关重要，国内外学者对该问题进行了广泛研究[5,100-105]。Hawkins等[106]总结了含水量对英国的35种不同砂岩的力学行为的影响，结果表明，随着砂岩从干燥状态变为饱和状态，硅质砂岩的单轴抗压强度减小8.2%，而富黏土砂岩的单轴抗压强度减小78.1%。Vasarhelyi[107]基于上述试验数据，建立了干燥和饱和条件下不同种类砂岩的物理常数（单轴抗压强度和杨氏模量）的线性回归关系。Erguler

等[108]定量分析了含水量对含黏土岩石力学性质的影响，并基于岩石的物理特性建立了一种预测不同含水量下岩石强度和变形性质的方法。Verstrynge等[109]应用多尺度的试验研究方法，如矿物成分分析、非破坏性测试[定量X射线衍射(XRD)分析、CT扫描和声发射]和力学测试，从微观到宏观分析了湿度对含铁砂岩力学行为的影响。周子龙等[110]利用红外辐射同步监测不同含水率砂岩单轴压缩作用下的变形过程，结果表明，砂岩从开始受力至达到峰值应力的过程中，升温幅度随含水率的增加而增大，且加载过程中试样表面平均红外线辐射温度波动减小。Masuda[101]对干燥和潮湿环境下的花岗岩和安山岩进行了不同加载速率和围压条件下的蠕变试验，试验结果表明，试样的峰值强度与应变率的对数呈线性关系，峰值强度对应变率的依赖性随围压的增大而增大，同时应变率对含水岩石峰值强度的影响比对干燥岩石的更明显。于超云等[111-112]制备了9组不同含水率的红砂岩试样，并对其开展了单轴压缩和单轴蠕变试验，试验结果表明，随着红砂岩含水率的增加，其峰值强度和弹性模量均呈负指数函数趋势减小，而红砂岩蠕变过程中的瞬时应变率和稳态应变率随含水率的增加呈指数函数趋势增大，蠕变破裂时间随含水率的增加而缩短。Tang等[103]对干燥砂岩和预浸水时间不同的砂岩进行了单轴蠕变压缩试验，试验结果表明，砂岩预浸水时间越长，蠕变的最小应变率越大，蠕变破裂时间越短，但随着预浸水时间的进一步延长(达到8 d)，最小蠕变应变率和破坏时间不再变化。对于饱水岩石，一些学者也开展了大量孔隙水压力和围压作用下试样的应力-应变全过程中渗透率演化规律及损伤变形特性研究。俞缙等[113]研究了渗透压-应力耦合作用下砂岩渗透率与变形的关联性，研究表明，渗透率先随轴向应变的增大而逐渐减小，进入弹塑性阶段后，渗透率变化曲线随围压变化呈增大、持平及减小3种不同趋势。蒋宇静等[114]利用自主研制的岩石节理单一剪切-渗流试验机进行了节理岩石的剪切渗流试验，结果表明，水力开度变化在剪切过程中呈先剧烈后平缓两个阶段。Heap等[115-117]利用电镜扫描和声发射监测对砂岩和玄武岩进行了一系列的三轴压缩蠕变试验，研究结果表明，所施加的有效围压对蠕变应变率和应力腐蚀过程有显著影响，同时，加速阶段的起点处，加载应力水平和加载时间都存在损伤阈值。Yang等[118]研究了孔隙压力和围压对红砂岩蠕变变形影响，结果发现，红砂岩的峰值强度和弹性模量均随孔隙压力的增大逐渐减小，试样的宏观破裂模式由围压决定，而与孔隙压力无关，另外推导出了一个指数函数来表征蠕变参数(包括蠕变应变、稳态蠕变率和黏滞系数)与轴向偏应力和孔隙压力之间的关系。

水对岩石强度的弱化机制主要包括断裂能降低、毛细张力减小、孔隙压力增加、摩擦减小以及化学腐蚀等[119-120]。这些机制都存在于岩石中，但每种机制的重要性取决于具体的岩石类型和加载条件。Baud等[5]对干燥和饱水状态下Berea砂岩、Boise砂岩、Darley Dale砂岩和Gosfords砂岩分别进行了三轴压缩试验，结果表明，水对Gosfords砂岩的弱化影响最严重，而对Berea砂岩的影响最小。研究发现，由于断裂面自由能的降低，围压作用下含水试样的峰值强度降低，在岩石内部基质与基质之间和基质与孔隙流体之间存在作用力。据已发表成果中关于含水砂岩弱化结果可得，含水砂岩强度降低幅度随黏土含量的增加而增加[106,121-128]。承压孔隙流体能够降低矿物颗粒之间存在的法向应力，使岩石强度趋于弱化和脆化，即随着岩石含水量的减少，岩石强度明显增大，这可以用毛细效应解释，毛细张力有助于增强岩石的强度[129-135]。Schmitt等[130]认为Tournemire页岩和Vosges砂岩的水弱化现象可能与矿物颗粒间毛细吸力相关，毛细力的大小与试样内部孔隙大小分布有关。

West[131]和 Rozhko[136]研究了非饱和砂岩中的毛细现象，采用有效应力原理解释了水分对岩石强度的影响。Reitsma 等[137]基于不溶混驱替方法设计了一种试验设备，分析了粗糙岩石裂缝中流体饱和度与毛细力的关系，得到了特定正应力条件下粗糙岩石裂缝的表观孔径分布。周创兵等[138-139]开展了花岗岩节理非饱和渗流排泄和吸湿试验，提出了毛细力与饱和度的解析方程和相应的非饱和水力传导度方程。Papamichop 等[129]针对非饱和湿陷性岩石构建了一种弹塑性本构模型，模型中假设毛细吸力主要影响弹性刚度、塑性拉伸界限值和压盖参数等与晶间的黏聚性相关的岩石特性。Waza 等[140]研究了安山岩和玄武岩中水含量对应力腐蚀速率的影响，研究结果显示，饱水岩石的应力腐蚀速率比室内标准环境中岩石的应力腐蚀速率高 2～3 个数量级。Nara 等[141-143]利用双扭转试验研究了不同温度、湿度和应力对安山岩和砂岩中亚临界裂纹扩展速率（应力腐蚀速率）的影响，结果表明，在较高温度、湿度的空气中或水中，岩石的长期强度下降，且空气相对湿度较高时亚临界裂纹扩展指数较低，空气相对湿度为 90%时的亚临界裂纹扩展指数与液态水相近。当前对水-岩相互作用研究已经取得了一定的成果并成功应用于工程实践，但是由于水对岩石力学性质影响的复杂性，有必要对水-岩石物理化学作用下岩石的细观损伤破裂机理继续进行研究。

1.3 现存问题

目前利用 X 射线衍射、红外辐射、声发射、超声波和电导率测试等技术对自然状态或含水状态下岩石的瞬时和时效变形力学特性及水-岩石作用下岩石的微细观结构特征进行了大量研究，并取得了较为丰富的成果，但是以下方面的研究仍有待深入。

（1）关于含水状态下岩石力学性质的研究，已建立了岩石饱和度与岩石峰值强度、弹性模量和体积应变等力学参数之间的经验方程，来描述水对岩石微细观结构的影响。但是有必要进一步建立考虑饱和度的砂岩细观力学模型，在细观尺度上研究不同饱和度岩石微裂纹生成、扩展的演化规律。

（2）关于不同含水状态下岩石时效变形特性研究，已明确了饱和度对岩石的瞬态弹性模量、稳态应变率和黏滞系数等参数的影响，探究了水对岩石时效变形的影响机制。但是对不同饱和度岩石时效变形理论模型方面的研究主要集中于经验模型和元件组合模型，有必要基于水对岩石的力学和物理化学细观作用，建立不同饱和度岩石时效变形模型，揭示不同饱和度岩石细观时效变形破裂机理。

（3）以往开展的不同饱和度岩石力学试验中，通常利用自然浸泡法和真空抽气法制备不同饱和度的岩石试样，往往忽略了试样内部水分空间分布对试样强度的影响，而且制备的砂岩的饱和度精确度低，增加了试验结果误差。因此，有必要研究水分空间分布对岩石力学性质的影响程度，并考虑如何制备水分均匀分布的不同饱和度岩石试样。

第 2 章　基于改进应力腐蚀理论的含水砂岩细观时效变形模型

从细观尺度来看，砂岩主要由矿物颗粒和细观结构缺陷（微裂纹、孔隙等）组成，这些细观缺陷为水提供了运移通道和赋存空间。水与砂岩之间的物理化学作用及力学作用使砂岩内部出现微裂纹萌生、扩展，产生应力集中导致局部破裂，最终大量微裂纹贯通产生宏观整体破裂。细观尺度研究范围主要介于宏观（唯象）和微观（原子或分子尺度）之间，该尺度下的研究内容包含了砂岩的细观几何特征（如晶界、微裂纹等），为砂岩的损伤演化研究提供了一定的物理背景[144]。本章从细观角度出发，推导考虑饱和度的有效应力方程和应力腐蚀方程，提出局部等效界面结构，建立非均质含水砂岩细观时效变形模型，分析饱和度对砂岩压缩变形和细观时效变形特性的影响。

2.1　改进的应力腐蚀理论

2.1.1　非饱和砂岩细观结构

本书所研究砂岩的主要矿物成分及其含量为石英 60%、长石 19%、方解石 8%及黏结物 13%，干密度为 2 119 kg/m^3。用 DYP-990 透反射偏光显微镜和荷兰飞纳（Phenom）台式电子显微镜观测得到该砂岩的矿物颗粒形状为次棱角状，矿物颗粒的平均尺寸约为 100 μm，矿物颗粒边界之间有不整合接触，形成砂岩的孔隙，如图 2-1 所示。利用 Autopore IV9500 全自动压汞仪进行压汞试验，得到了砂岩试样内部孔隙体积增量与孔隙直径的关系曲线[图 2-2(a)]，砂岩的孔隙直径均值约为 124 nm，孔隙度约为 14.2%。根据孔隙尺寸的分类[145]，所研究砂岩的主要孔隙为介孔（孔径介于 0.1～1 000 μm）。介孔中存在的水以毛细水为主，毛细水的运移主要受毛细力驱动。通过砂岩铸体薄片进一步观察到砂岩内部的孔隙空间分布，微裂纹或狭窄细小孔隙（通常被称为“孔隙喉道”）连接大孔径孔隙（通常被称为“节点孔隙”[146-149]）形成连通的流体流动通道[图 2-2(b)]。另外，通过对砂岩试样进行烘干、浸水、称重等步骤测量得到砂岩的饱和含水率约为 6.1%，本书利用饱和度（S_e）表征砂岩试样中孔隙空间的含水程度，饱和度与体积含水率（θ）的关系式为：

$$S_e = \theta(1 + 1/e) \tag{2-1}$$

式中，e 为砂岩的孔隙比。

砂岩内部的微结构缺陷能为水分提供流动通道和赋存空间。当砂岩处于非饱和状态时，根据毛细定律[150-152]，水分最先侵入孔径小的孔隙并逐渐将其充满，然后侵入孔径相对大的孔隙，非饱和砂岩内部仅有部分孔隙中赋存水分，如图 2-3 所示。由于存在毛细效应，孔隙中毛细水的气-液界面呈弯曲状（通常称为弯液面）；由于水的表面张力作用，弯液面对

(a) 砂岩试样　　(b) 光学显微镜照片　　(c) 电子显微镜照片

图 2-1　砂岩试样的细观结构

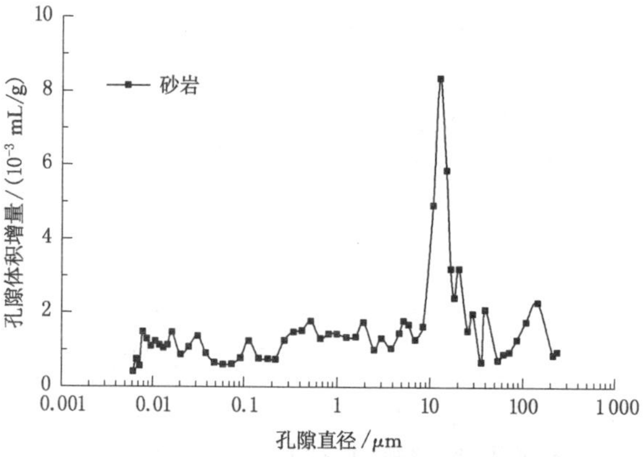

(a) 压汞试验中砂岩试样孔隙体积增量与孔径关系曲线

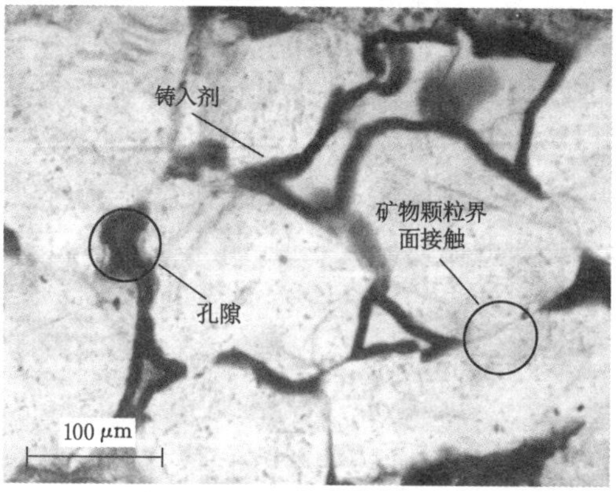

(b) 砂岩铸体薄片

图 2-2　压汞试验中砂岩试样孔隙体积增量与孔径关系曲线和砂岩铸体薄片

孔隙表面产生吸引力，弯液面两侧水（润湿相）与气（非润湿相）之间形成压力差，即毛细吸力。

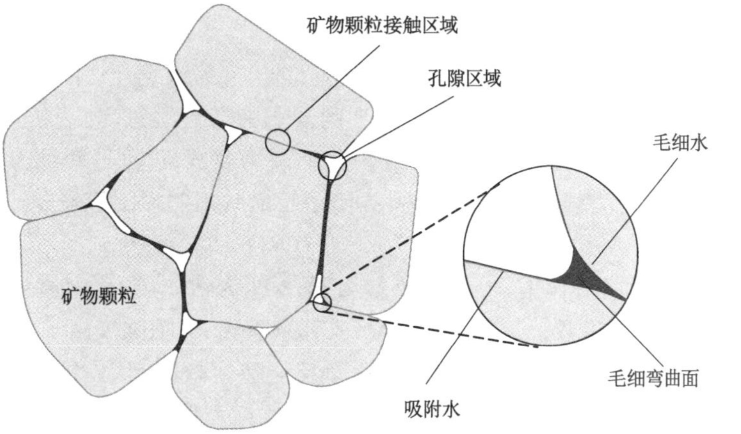

图 2-3　非饱和砂岩细观结构示意图

2.1.2　考虑饱和度的有效应力方程

一些学者研究了毛细吸力对非饱和岩石（如砂岩、泥岩、铁矿石和页岩等）强度的影响[153-154]。研究结果表明，孔隙中的毛细吸力能改变矿物颗粒之间的内聚力。岩石饱和度的增大使毛细吸力减小，导致矿物颗粒间的内聚力减弱，摩擦力减小，岩石的强度减小。用于非饱和岩石的有效应力公式为[130,136,155]：

$$\sigma' = \sigma - u_g + \lambda(u_g - u_w) \tag{2-2}$$

式中，σ' 为有效应力；σ 为总应力；u_w 为水的内部压力；u_g 为大气压力，其值为 101.325 kPa；λ 为有效应力系数，取值范围为 0～1，其值等于对应孔隙的饱和度。其中（$u_g - u_w$）表示毛细吸力（P_c），由杨-拉普拉斯（Young-Laplace）方程表示为[156]：

$$P_c = u_g - u_w = \gamma\left(\frac{1}{r_1} + \frac{1}{r_2}\right) \tag{2-3}$$

式中，γ 为水的界面张力；r_1，r_2 为气-液弯液面的曲率半径。当假设弯液面形状为球面和柱面两种极端情况时，其对应的毛细吸力分别为 $P_c = (2\gamma\cos\psi)/b$ 和 $P_c = (4\gamma\cos\psi)/b$，其中，$b$ 为孔隙孔径，ψ 为水与孔隙表面的接触角，本书将弯液面形状假设为柱面。

毛细吸力与饱和度关系可表示为[157]：

$$P_c(S_e, b) = u_g - u_w = \alpha\rho_w g \frac{b_0}{b}\left(S_e^{\frac{\beta}{1-\beta}} - 1\right)^{1/\beta} \tag{2-4}$$

式中，ρ_w 为水的密度；α 和 β 为毛细力曲线相关参数；b_0 为孔隙饱和度对应的参考孔径值，由参数 α 和 β 确定。式(2-4)与 Van Genuchten 方程[158]表达形式一致，且考虑了孔隙孔径对毛细吸力的影响。

将式(2-4)代入式(2-2)可得：

$$\sigma' = \sigma + \lambda\alpha\rho_w g \frac{S_e b_0}{b}\left(S_e^{\frac{\beta}{1-\beta}} - 1\right)^{1/\beta} - u_g \tag{2-5}$$

式(2-5)为考虑饱和度的有效应力方程,描述了有效应力、孔隙孔径和饱和度之间的关系。

2.1.3 考虑饱和度的应力腐蚀方程

在细观尺度上,含水砂岩时效变形破裂过程是其内部裂纹萌生、扩展和贯通演化过程。Charles[159]最早研究了钠钙玻璃在拉伸载荷下的静态疲劳破裂过程,分析了该玻璃对水蒸气腐蚀的敏感性,描述了应力和水共同作用下化学-应力腐蚀反应(通常称为应力腐蚀)中亚临界裂纹扩展速率与应力强度因子的关系,提出了目前常用的亚临界裂纹扩展方程:

$$v_s = v_0 \exp[-\Delta H/(RT)]K_I^n \tag{2-6}$$

式中,v_s 为亚临界裂纹扩展速率;v_0 为预指数因子;ΔH 为活化焓;R 为通用气体常数;T 为绝对温度;n 为应力腐蚀指数;K_I 为 I 型裂纹(张开型裂纹)应力强度因子。

Hilling 等[160]和 Wiederhorn[161-162]基于化学反应速率理论,认为钠钙玻璃中微裂纹尖端的腐蚀反应过程是发生于玻璃和水之间微裂纹尖端应力依赖性活化能的化学活化过程,化学反应速率受微裂纹尖端 OH^- 离子浓度的强烈影响。基于化学反应速率理论,在水环境和微裂纹尖端应力影响下的微裂纹尖端化学反应速率方程为:

$$v = v_0 \exp\left\{\frac{v^+ \sigma - [E^+(0) + c\sigma^2 + V_M \zeta/(2r)]}{RT}\right\} \tag{2-7}$$

式中,v 为微裂纹中应力腐蚀位置的化学反应速率,其与亚临界裂纹扩展速率成正比;v^+ 为活化容积;σ 为微裂纹尖端的应力;$E^+(0)$ 为无应力影响下的活化能;V_M 为玻璃的摩尔体积;ζ 为玻璃与反应产物之间的界面表面能;ρ 为裂纹尖端的曲率半径;$c\sigma^2$ 为腐蚀引起的应变能消失和活化能膨胀二阶项的共同作用项。有学者研究了陶瓷和岩石材料(如石英、方解石、玄武岩、砂岩、泥岩和花岗岩等)在持续外载荷作用下的应力腐蚀反应,证明了陶瓷和岩石材料的应力腐蚀过程受应力、温度和湿度等因素影响,其应力腐蚀机理与玻璃材料的类似[163-167]。因此,本节利用应力腐蚀理论揭示砂岩时效变形的细观机理。

式(2-7)中 ζ 项和 σ^2 项与方程中其他项的值相比较都很小,可以忽略,则式(2-7)可以简化为:

$$v = v_o \exp\left(-\frac{E^+(0) - v^+ \sigma}{RT}\right) \tag{2-8}$$

式中,$E^+(0)$ 与孔隙或裂隙周围的水环境有关,表示为应力腐蚀反应中反应物与生成物之间的化学势差(即活化能),表达式为:

$$E^+(0) = \mu_{B^*} - \mu_B - n\mu_{H_2O} \tag{2-9}$$

式中,n 为应力腐蚀指数;μ_{B^*}、μ_B 和 μ_{H_2O} 分别为激活态化学势、键态化学势和水的化学势。在标准大气条件下,当空气的相对湿度大于 1%时,则可以使应力腐蚀指数等于饱和度。水的化学势表达式为:

$$\mu_{H_2O} = \mu_{0s} + RT\ln a_s \tag{2-10}$$

式中,μ_{0s} 为水在标准态下的化学势;a_s 为水活度,表示孔隙中弯液面附近自由水分子的量(即水分的结合程度)。一定温度下孔隙中的弯液面附近水分子的逃逸趋势(逸度)(f_i)与纯水的逃逸趋势(f_0)的比值定义为 a_s,a_s 近似等于相同温度下孔隙中弯液面上水蒸气压(P_i)与纯水的饱和蒸气压(P_0)的比值,在常温常压条件下,f_i/f_0 与 P_i/P_0 的差小于 1%。

P_i/P_0 也表示环境中的相对湿度[164]。孔隙附近的化学反应速率与水蒸气含量有关，而与孔隙中的弯液面的液态水量无关。另外，在恒定温度下，μ_{B^*}、μ_B 和 μ_{0s} 等参数主要由材料决定，与环境无关。而应力腐蚀反应对孔隙附近环境中水分的依赖主要体现在水活度上。

根据热力学理论计算恒定温度下弯液面上毛细压力变化对摩尔自由能影响，求得孔隙中气-液弯液面上毛细压力表达式(即 Kelvin 公式)为[168]：

$$\ln \frac{P_i}{P_0} = -\frac{M_w \gamma \cos \psi}{RT\rho_w b} \tag{2-11}$$

式中，M_w 为水的摩尔质量。

将式(2-9)、式(2-10)和式(2-11)代入式(2-8)求得应力腐蚀位置的化学反应速率、饱和度与应力之间的关系，建立考虑饱和度的应力腐蚀方程：

$$v = v_0 \exp[(-\mu_{B^*} + \mu_B + \mu_{0s} + v^+ \bar{\sigma})/(RT) - M_w \gamma \cos \psi/(RT\rho_w b)] \tag{2-12}$$

式中，$\bar{\sigma}$ 为应力腐蚀位置的应力，其中考虑了毛细吸力。本书利用改进的应力腐蚀理论揭示不同饱和度砂岩的细观时效变形机理。

2.2 非均质含水砂岩细观时效变形模型

2.2.1 非均质砂岩细观数值模型

经过漫长地质作用形成的砂岩天然呈非均质性[169-171]，具体表现为：矿物颗粒在尺寸、方向和空间分布上的差异导致了几何非均质性；不同种类矿物颗粒(如石英、长石等)的弹性模量、泊松比等力学性质的差异导致了材料非均质性；矿物颗粒之间界面接触状态的差异导致了界面非均质性。砂岩的非均质分布对其力学性质有显著影响，砂岩在受到外力作用下，局部会出现微裂纹生成、扩展，进而会发生渐进损伤，最终形成宏观破裂。本节考虑砂岩的几何、材料和界面非均质分布，利用 Voronoi 多面体离散模型建立非均质砂岩细观数值模型。

(1) Voronoi 多面体离散模型

目前数值模拟方法中常用的单元形状主要有四种类型：正方形和正方体单元[172-173]，采用该单元形状的软件有 RFPA；三角形和四面体单元[174-176]，采用该单元形状的软件有 FLAC、FDEM 和 CDEM 等；圆盘和球体颗粒单元[177]，采用该单元形状的软件有 PFC；Voronoi 多边形和 Voronoi 多面体[178-179]，采用该单元形状的软件有 UDEC 和 3DEC。与其他单元形状相比，Voronoi 多面体与砂岩试样中矿物颗粒的几何形态更接近，能够再现砂岩中不同形状和尺寸的矿物颗粒结构，更真实地反映砂岩的细观结构，如图 2-4 所示。另外，对于四面体或六面体镶嵌形成的数值模型，其内部所有块体的形态相同，当施加外力作用时，模型内部容易在固定方向上形成破裂，出现光滑的破裂面，且偏向于发生剪切破裂，如图 2-5(a)和图 2-5(b)所示，这与试验结果有偏差[180]。而对于 Voronoi 多面体离散模型，其内部多面体的几何形状是不规则的，当施加外力作用时，多面体之间黏结界面破坏形成的微裂纹的方向和潜在破裂路径是随机的，如图 2-5(c)所示，这样减小了微裂纹生成路径对模型中块体形状的依赖性，且更能真实反映砂岩试样的细观破裂形态。因此，Voronoi 多面体离散模型适用于建立砂岩细观数值模型，模拟砂岩变形破裂过程中微裂纹演化规律。

（a）砂岩光学显微镜图片

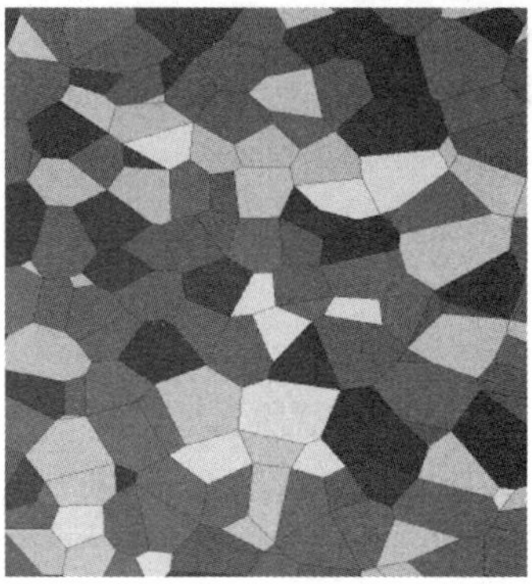

（b）砂岩试样的Voronoi镶嵌模型

（c）砂岩扫描电镜图片与三维Voronoi镶嵌模型

图 2-4　砂岩细观结构及 Voronoi 模型表征

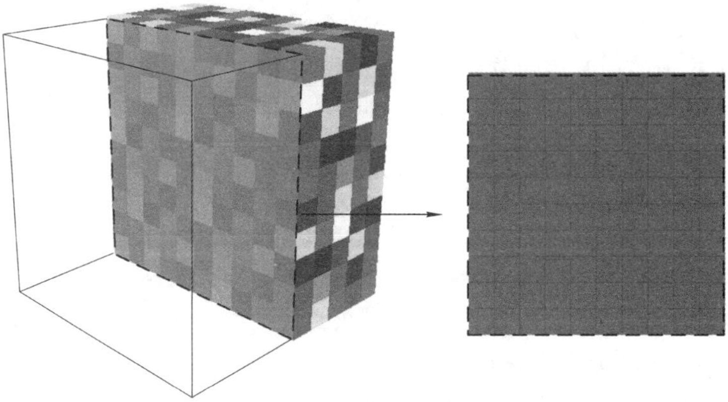

（a）立方体块体模型

图 2-5　不同模型中裂纹扩展方式

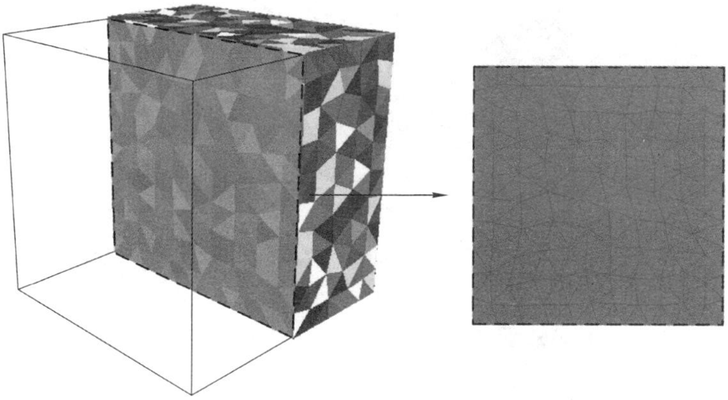

(b) 四面体块体模型

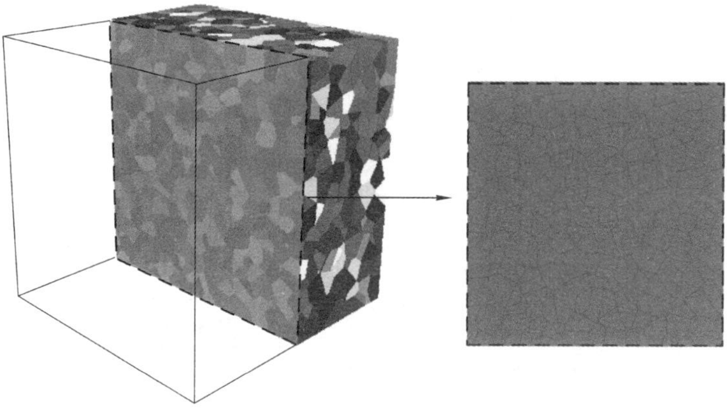

(c) Voronoi多面体块体模型

图 2-5(续)

(2) 几何非均质分布

利用开源软件 Neper(在 LINUX 系统中运行的,用于 Voronoi 多面体生成和网格划分的软件)可以生成和划分不同尺度的三维 Voronoi 多面体镶嵌模型[181-182]。该软件可以使用统计方法(如正态分布和均匀分布等)设置随机的多面体形状和尺寸,生成选定形状的岩石试样(如立方体、球体和圆柱体等)数值模型,生成的模型能被保存为 3DEC 软件可直接运行的".DAT"格式。本节基于 Voronoi 多面体离散元建立的砂岩数值模型直径为 50 mm,高度为 100 mm,如图 2-6(a)所示。模型中所有多面体都是凸多面体,多面体界面方向随机分布,且两个相邻多面体之间共用一个界面,三个相邻多面体之间共用一条边,四个及以上多面体之间共用一个顶点。多面体之间界面方向符合正态分布,且有许多界面与试样轴线平行或接近平行,如图 2-6(b)所示。模型内多面体的等效直径(即等效体积球体的直径)服从对数正态分布,对数均值和对数标准差分别为 1 和 0.35;多面体的球形度(即等效体积的球体表面积与多面体表面积之比)也遵循对数正态分布,对数均值和对数标准差分别为 0.145 和 0.03。Voronoi 多面体离散模型允许多面体发生大位移和旋转,以及沿其界面或点发生分离。

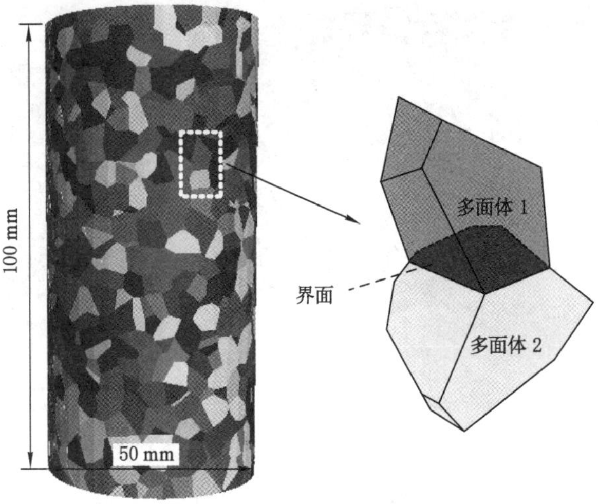

(a) Voronoi多面体三维数值模型

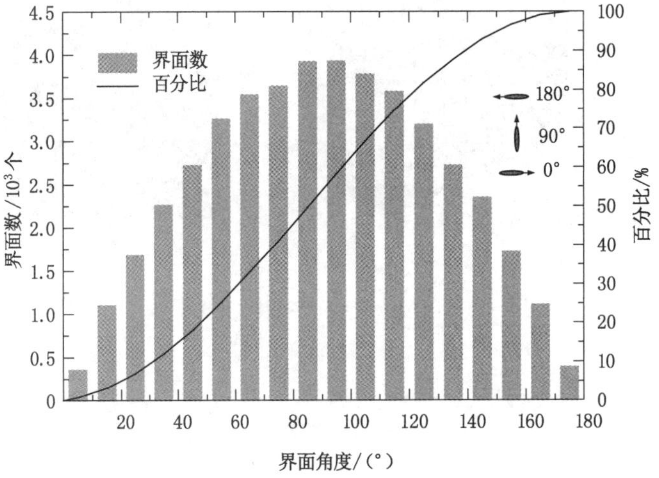

(b) 试样中界面角度分布柱状图

图 2-6 Voronoi 多面体三维数值模型和试样中界面角度分布柱状图

由于计算能力的限制和生成太小颗粒导致的不良几何关系，建立与砂岩试样中实际矿物颗粒尺寸相同的数值模型是很困难的，为平衡计算精度和计算成本，本节建立的砂岩数值模型包含 5 300 个 Voronoi 多面体。

(3) 材料非均质分布

按照所研究砂岩实际的矿物成分含量比例(即石英 60%、长石 19%、方解石 8%、黏结物 13%)，利用 3DEC 内嵌的 FISH 语言编写程序，建立如图 2-7 所示的直径 50 mm、高度 100 mm 的非均质砂岩数值模型(扫描可看彩图，下同)。模型中按照随机分配方式确定砂岩试样内不同矿物多面体所占的百分比，其中不同颜色的多面体代表不同种类矿物颗粒，蓝色块体代表试验过程中试样上下端的承压板，其他颜色多面体分别代表石英(浅蓝色)、长石(紫色)、方解石(棕色)和黏结物(浅紫色)。砂岩试样中不同矿物晶体的物理力学性质如表 2-1 所示[183-184]。

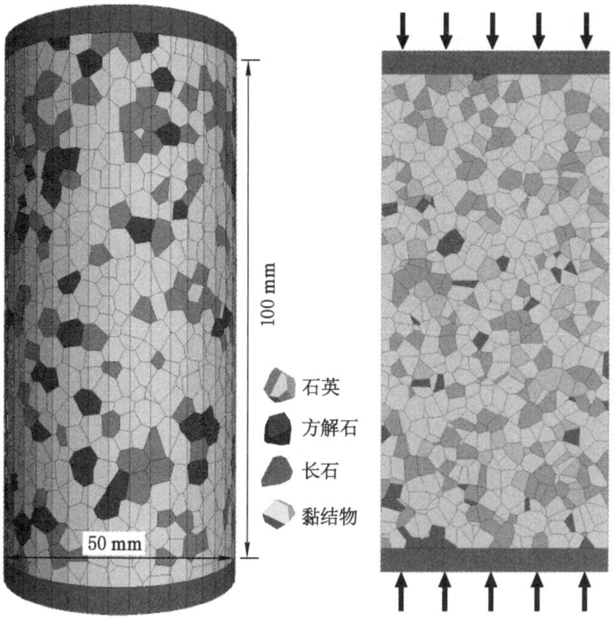

图 2-7　非均质砂岩数值模型

表 2-1　砂岩试样中不同矿物晶体的物理力学性质

矿物成分	密度/(g/cm³)	体积模量/GPa	剪切模量/GPa	泊松比	单轴抗压强度/MPa	拉伸强度/MPa
石英	2.65	36.0	44.0	0.19	222	10.0～33.8
长石	2.55～2.63	51.5	27.9	0.27	180	36.0
方解石	2.72～2.94	73.3	32.0	0.28	120	20.0

(4) 界面非均质分布

根据所研究砂岩所含的矿物种类,利用以 FISH 语言编写的程序对不同种类矿物多面体之间的界面进行分类,通过对矿物颗粒之间的界面赋予不同的细观力学参数(如法向刚度、切向刚度、内聚力等)来实现界面非均质分布。图 2-8 所示为砂岩数值试样中不同矿物颗粒之间界面分布,图中不同颜色代表不同矿物颗粒之间的界面,例如,蓝色为石英与石英之间的界面,棕色为长石与长石之间的界面。

2.2.2　局部等效界面结构

图 2-9 所示为考虑非饱和砂岩的细观结构,利用 Voronoi 多面体之间的界面建立的局部等效界面结构。模型中水分主要赋存于多面体之间的界面上,每个界面由若干个三角形子界面组成(多面体设置为变形体时,多面体之间的界面会被自动划分为若干个子界面),每个子界面包含部分界面边界,由固-固接触区域和孔隙区域组成,其中孔隙区域被简化为

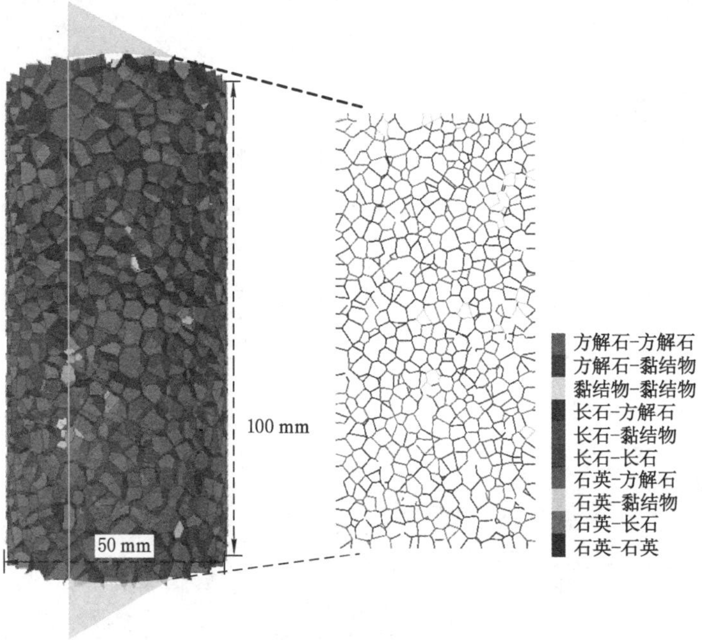

图 2-8　不同矿物颗粒之间界面分布

具有恒定孔径的局部等效界面结构。毛细水存在于局部等效界面结构中，毛细水和空气之间形成弯液面，弯液面前方为包含空气和水蒸气的水汽。模型中多面体尺寸远大于子界面中的孔径，所以孔隙区域的弯液面是平行于子界面的细长曲面，其曲线曲率远小于垂直于子界面的弯液面曲线曲率。

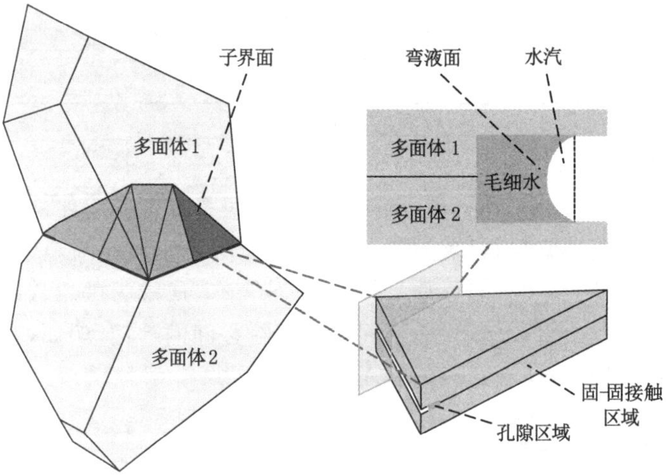

图 2-9　局部等效界面结构

考虑局部等效界面结构，将砂岩内部孔隙孔径分布函数（由压汞试验求得）引入非均质砂岩细观数值模型中建立非均质含水砂岩细观数值模型。模型中按照随机分配的方式将不同的孔径值赋给各个子界面中的孔隙区域，形成数值试样的孔隙结构，孔隙结构构成水分的运移通道和赋存空间。需要说明的是，由于计算能力的限制和生成太小颗粒导致的不良几何关系，本书建立的数值模型中多面体的平均直径大于所研究砂岩试样中实际矿物颗粒尺寸，这里也将子界面中孔隙区域增大相应的倍数，孔径范围为 1～60 μm。含水砂岩数值试样中每个界面的饱和度表示为：

$$S_e = \frac{\sum_i^l b_i A_i}{\sum_i^f b_i A_i} \tag{2-13}$$

式中，S_e 为某个界面的饱和度；b_i 为某个界面中第 i 个子界面的孔径；A_i 为某个界面中第 i 个子界面的面积；f 为某个界面中子界面的数量；l 为某个界面中孔径较小的充满水的子界面的数量。

2.2.3　水分运移模型

当含水砂岩内部水分分布不均匀或非饱和砂岩浸入水中时，在毛细力作用下，水会自发地沿砂岩孔隙结构运移，从高饱和度区域运移到低饱和度区域，或从周围环境吸水，从而增加砂岩内部饱和度。通常情况下，非饱和砂岩内部毛细势梯度远大于重力势梯度。本书利用非饱和扩散理论定量描述砂岩内部水分运移特性。非饱和扩散函数是以体积含水率为自变量的复杂非线性函数，其表达式为[185-186]：

$$u = -K(\theta)P_c \tag{2-14}$$

式中，u 为水矢量流速；K 为水力传导函数；θ 为砂岩中水的体积与岩石总体积的比值，即体积含水率；P_c 为毛细力。

将式(2-14)与质量守恒方程相结合，得到 Richards 方程：

$$\frac{\partial \theta}{\partial t} = \frac{\partial}{\partial t}\left[D(\theta)\frac{\partial \theta}{\partial x}\right] \tag{2-15}$$

式中，$D(\theta)$为非饱和扩散系数，用函数来表示，其表达式为 $D(\theta)=K(\mathrm{d}\Psi/\mathrm{d}\theta)$；$\Psi$ 为水力势能。

针对毛细力驱动水分自发运移进入圆柱体砂岩试样的情况，求得相对应的水分运移控制方程为：

$$-\frac{\lambda}{2}\left(\frac{\mathrm{d}\theta}{\mathrm{d}\lambda}\right) = \frac{\mathrm{d}}{\mathrm{d}\lambda}\left[D(\theta)\frac{\mathrm{d}\theta}{\mathrm{d}\lambda}\right] \tag{2-16}$$

式中，λ 为玻尔兹曼变换，表达式为 $\lambda = x/t^{-1/2}$，x 为沿水分运移方向从砂岩试样表面到湿润锋的距离(mm)，t 为水自发运移时间(s)。用该方程不仅能求砂岩试样随时间累积的饱和度，也可以求得水在砂岩中的空间分布。在这种情况下，$D(\theta)$仅描述毛细力驱动的非饱和运移运动，重力的影响忽略不计。

式(2-16)的初始和边界条件的约束为：

$$\begin{cases} \theta = \theta_i & \lambda \to \infty \\ \theta = \theta_0 & \lambda = 0 \end{cases} \tag{2-17}$$

式中，θ_i 为初始体积含水率；θ_0 为砂岩内部水分达到饱和时的体积含水率。

在 θ_i 和 θ_0 之间对式(2-16)进行积分得：

$$D(\theta)=-\frac{1}{2}\frac{\mathrm{d}\lambda}{\mathrm{d}\theta}\int_{\theta_i}^{\theta_0}\lambda\,\mathrm{d}\theta \tag{2-18}$$

基于砂岩水分运移的核磁共振成像试验，可以表征水分运移过程中砂岩试样内部水分空间分布，确定非饱和扩散函数的具体方程，并将其引入非均质含水砂岩数值模型，从而建立砂岩水分运移模型，用于模拟不同浸水条件下砂岩水分运移特性和分析砂岩内部水分空间分布对砂岩强度的影响。

2.2.4 考虑饱和度的黏结界面应力腐蚀模型

对于含水砂岩，考虑其孔隙中水对矿物颗粒的润滑作用和水化作用，将考虑饱和度的有效应力方程引入非均质含水砂岩细观数值模型，用于分析在细观尺度上饱和度对砂岩三轴压缩变形特性的影响。图 2-10 为考虑饱和度的有效应力模型示意图。在该模型中，每个界面(多面体之间)由若干个三角形子界面组成，每个子界面由固-固接触区域和孔隙区域组成，其中孔隙区域反映了有效应力、饱和度和孔隙区域孔径之间的关系。

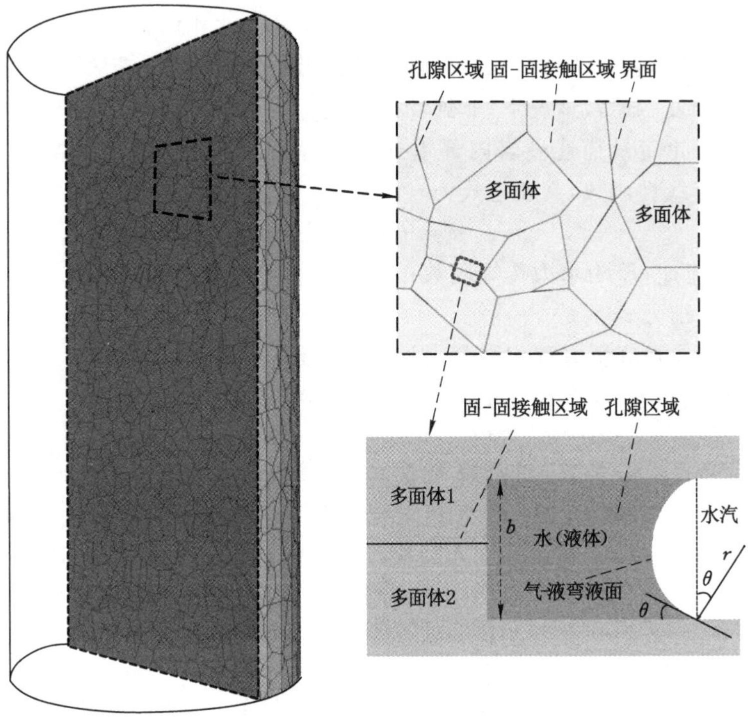

图 2-10 考虑饱和度的有效应力模型示意图

含水砂岩时效变形过程中，水与砂岩之间不仅发生润滑作用和水化作用，也会发生应力腐蚀反应。这里将推导的考虑饱和度的有效应力方程和考虑饱和度的应力腐蚀方程同时引入非均质含水砂岩数值模型中，建立考虑饱和度的黏结界面应力腐蚀模型，研究不同饱和度砂岩的细观时效变形和损伤演化特性，如图 2-11 所示。

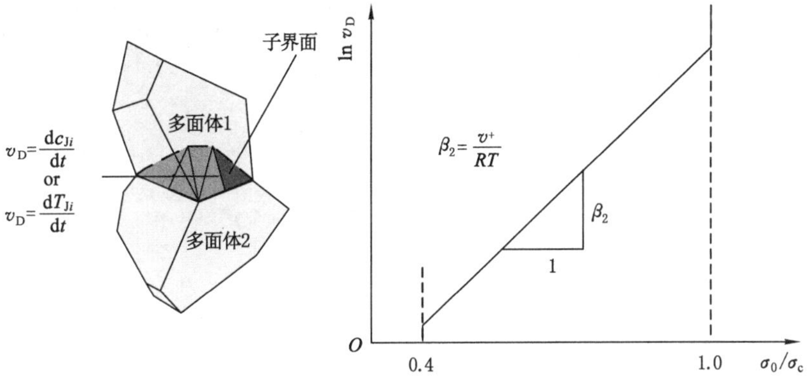

σ_c—岩石试样峰值应力；σ_0—阈值应力（也称为活化应力），$\sigma_0\approx 0.4\sigma_c$，当低于该应力值时不发生应力腐蚀反应；$T_{Ji}$，$c_{Ji}$—界面中第 i 个子界面上的拉伸强度和内聚力；v_D—子界面上的腐蚀弱化速率。

图 2-11　考虑饱和度的黏结界面应力腐蚀模型中子界面的腐蚀弱化速率关系

模型中的基本假设包括：① 每个子界面都由固-固接触区域和孔隙区域组成。② 应力腐蚀反应只发生于多面体之间的子界面上，不影响多面体本身的力学性质。每个子界面都是一个潜在腐蚀反应区域，形成的微裂纹仅仅沿着多面体之间的子界面扩展。③ 持续载荷作用下砂岩数值试样细观时效变形过程是应力腐蚀反应腐蚀弱化子界面上的内聚力（c_J）和拉伸强度（T_J）的过程（子界面上的 c_J 和 T_J 是细观力学参数，将在 2.3 节详细介绍），子界面上的内聚力和拉伸强度腐蚀弱化速率与化学反应速率成正比。④ 子界面上的摩擦角主要与其粗糙度相关，几乎不影响子界面强度弱化，即摩擦角与力学强度随时间的弱化过程无关。

模型中描述子界面上的腐蚀弱化速率（v_D）的表达式为：

$$v_D=\begin{cases}0 & \bar{\sigma}<\sigma_0\\ \beta_1 e^{(\beta_2\bar{\sigma}-\beta_3/b_c)} & \sigma_0\leqslant\bar{\sigma}<\sigma_c\\ \infty & \bar{\sigma}\geqslant\sigma_c\end{cases}\tag{2-19}$$

式中，$\beta_1=Av_o\exp[(-\mu_{B^*}+\mu_B+\mu_{0s})/(RT)]$；$\beta_2=v^+/(RT)$；$\beta_3=(M_w\gamma\cos\theta)/(RT\rho_w)$；$A$ 为化学反应速率与腐蚀弱化速率比例常数；$\bar{\sigma}$ 为子界面上应力。不同饱和度的界面都分别对应一个孔径（b_c），其中孔径小于或等于 b_c 的子界面的孔隙区域被水完全占据，而孔径大于 b_c 的子界面的孔隙区域含空气和水蒸气。

考虑饱和度的黏结界面应力腐蚀模型能模拟细观尺度上砂岩试样中微裂纹萌生、扩展和贯通过程，但是不能用应力强度因子表达子界面上发生的应力腐蚀反应。Potyondy[23] 在建立平行黏结应力腐蚀模型（PSC）时提到，线弹性断裂力学条件适用于相对晶粒尺寸长度较长的微裂纹，当足够多的微裂纹合并形成宏观断裂时，其可以表征裂纹尖端的应力场。在本模型中，只有多面体之间的子界面上的微裂纹贯通并局部形成相对多面体尺寸长度较长的宏观裂纹时，才能用应力强度因子表征宏观裂纹尖端的状态。这表明所建立的黏结界面应力腐蚀模型的使用范围更广泛，包含了线弹性断裂力学模型的物理力学机制。此外，虽然应力腐蚀过程主要在 Ⅰ 型裂纹扩展中观察到，但目前的物理化学理论尚无法完全解释应力腐蚀反应对裂纹类型的依赖性[167,187]，这说明应力腐蚀理论的形式不依赖微裂纹尖端变形模式，其适用于所有裂纹类型。因此，可以认为模型中子界面上描述剪切载荷作用下应力腐蚀的方程形式与描述拉伸载荷作用下亚临界裂纹扩展的方程形式相同。子界面上应力可以为拉伸应力、剪切应力、拉剪混合应力或压剪混合应力。

当子界面上只存在拉伸应力时，腐蚀弱化速率公式为：

$$\frac{\mathrm{d}T_{\mathrm{J}i}}{\mathrm{d}t}=\begin{cases}0 & \bar{\sigma}_i<\sigma_0\\ \beta_1\,\mathrm{e}^{(\beta_2\bar{\sigma}_i-\beta_3/b_c)} & \sigma_0\leqslant\bar{\sigma}_i<\sigma_c\\ \infty & \bar{\sigma}_i>\sigma_c\end{cases}\tag{2-20}$$

式中，$\bar{\sigma}_i$ 为界面中第 i 个子界面上拉伸应力；$T_{\mathrm{J}i}$ 为界面中第 i 个子界面上拉伸强度。

当子界面上只存在剪切应力时，腐蚀弱化速率公式为：

$$\frac{\mathrm{d}c_{\mathrm{J}i}}{\mathrm{d}t}=\begin{cases}0 & \bar{\tau}_i<\sigma_0\\ \beta_1\,\mathrm{e}^{(\beta_2\bar{\tau}_i-\beta_3/b_c)} & \sigma_0\leqslant\bar{\tau}_i<\sigma_c\\ \infty & \bar{\tau}_i>\sigma_c\end{cases}\tag{2-21}$$

式中，$\bar{\tau}_i$ 为界面中第 i 个子界面上剪切应力；$c_{\mathrm{J}i}$ 为界面中第 i 个子界面上内聚力。

当子界面上存在拉伸剪切混合应力时，腐蚀弱化速率公式为：

$$\frac{\mathrm{d}T_{\mathrm{J}i}}{\mathrm{d}t}=\begin{cases}0 & \bar{\sigma}_i<\sigma_0\ \text{和}\ \bar{\tau}_i<\sigma_0\\ \beta_1\,\mathrm{e}^{(\beta_2\bar{\sigma}_i-\beta_3/b_c)} & \sigma_0\leqslant\bar{\sigma}_i\leqslant\sigma_c\ \text{和}\ \bar{\tau}_i<\sigma_0\\ \beta_1\,\mathrm{e}^{(\beta_2\bar{\tau}_i-\beta_3/b_c)} & \bar{\sigma}_i<\sigma_0\ \text{和}\ \sigma_0\leqslant\bar{\tau}_i\leqslant\sigma_c\\ \beta_1\,\mathrm{e}^{(\beta_2\bar{\sigma}_i-\beta_3/b_c)}+\beta_1\,\mathrm{e}^{(\beta_2\bar{\tau}_i-\beta_3/b_c)} & \sigma_0\leqslant\bar{\sigma}_i\leqslant\sigma_c\ \text{和}\ \sigma_0\leqslant\bar{\tau}_i\leqslant\sigma_c\\ \infty & \bar{\sigma}_i>\sigma_c\ \text{或}\ \bar{\tau}_i>\sigma_c\end{cases}$$

$$\frac{\mathrm{d}c_{\mathrm{J}i}}{\mathrm{d}t}=\begin{cases}0 & \bar{\sigma}_i<\sigma_0\ \text{和}\ \bar{\tau}_i<\sigma_0\\ \beta_1\,\mathrm{e}^{(\beta_2\bar{\sigma}_i-\beta_3/b_c)} & \sigma_0\leqslant\bar{\sigma}_i\leqslant\sigma_c\ \text{和}\ \bar{\tau}_i<\sigma_0\\ \beta_1\,\mathrm{e}^{(\beta_2\bar{\tau}_i-\beta_3/b_c)} & \bar{\sigma}_i<\sigma_0\ \text{和}\ \sigma_0\leqslant\bar{\tau}_i\leqslant\sigma_c\\ \beta_1\,\mathrm{e}^{(\beta_2\bar{\sigma}_i-\beta_3/b_c)}+\beta_1\,\mathrm{e}^{(\beta_2\bar{\tau}_i-\beta_3/b_c)} & \sigma_0\leqslant\bar{\sigma}_i\leqslant\sigma_c\ \text{和}\ \sigma_0\leqslant\bar{\tau}_i\leqslant\sigma_c\\ \infty & \bar{\sigma}_i>\sigma_c\ \text{或}\ \bar{\tau}_i>\sigma_c\end{cases}\tag{2-22}$$

当子界面上存在压剪应力时，子界面上将产生摩擦力，子界面上的剪切应力 $\bar{\tau}$ 用有效剪切应力（$\bar{\tau}-\sigma_n\tan\varphi$）表达，腐蚀弱化速率公式为：

$$\frac{\mathrm{d}c_{\mathrm{J}i}}{\mathrm{d}t}=\begin{cases}0 & \bar{\tau}-\sigma_n\tan\varphi<\sigma_0\\ \beta_1\,\mathrm{e}^{\beta_2(\bar{\tau}-\sigma_n\tan\varphi)-\beta_3/b_c} & \sigma_0\leqslant\bar{\tau}-\sigma_n\tan\varphi<\sigma_c\\ \infty & \bar{\tau}-\sigma_n\tan\varphi>\sigma_c\end{cases}\tag{2-23}$$

式中，σ_n 为子界面上法向应力；φ 为子界面上摩擦角。

考虑饱和度的黏结界面应力腐蚀模型中，时间包括两种形式：物理时间（真实时间）和时间步长（以下简称为时步）。其中，时步是一种在有限差分方法中进行迭代计算的人工参量。在该模型中，应力腐蚀时间采用真实时间，并通过基于 FISH 语言编写的自适应程序自动更新和调整应力腐蚀时间增量值 Δt，自适应程序以最大不平衡力作为调整指标[188]。模型运行过程中，应力腐蚀初始时间增量值设置为 1 s，每个时步对应一个应力腐蚀时间增量 Δt。当最大不平衡力超过预设阈值时，应力腐蚀时间增量 Δt 将减小为上一时步对应应力腐蚀时间增量的 0.9 倍，最小时步限制为 1×10^{-2} s。当最大不平衡力低于预设阈值时，应力腐蚀时间增量值 Δt 将增大为上一时步对应应力腐蚀时间增量的 1.1 倍，最大时间增量限制为 1×10^{4} s。预设阈值定义为最大不平衡力与模型中平均网格单元节点力的比值[188]，其计算公式为：

$$\chi = \frac{F_{\mathrm{unb}}}{\left(\sum_{i=1}^{N} F_{\mathrm{gp}i}\right)/N} \tag{2-24}$$

式中，χ 为预设阈值；F_{unb} 为模型中最大不平衡力；N 为模型中网格节点总数量；$F_{\mathrm{gp}i}$ 为模型中第 i 个网格节点的网格节点力。

当砂岩处于饱水状态(即内部孔隙中充满水)且受到水力梯度作用时，水将在砂岩试样内部的连通孔隙中流动，此时，孔隙内部不再存在毛细效应，且由于水的流动作用将产生孔隙压力(p)。本节基于有效应力理论，通过控制孔隙水压力和应力共同作用来研究砂岩的变形破裂响应[188-190]，所建立的数值模型如图 2-12 所示。在该模型中，多面体之间界面上的渗透性远远大于多面体本身的渗透性，水主要沿着界面流动。另外，孔隙水压力作用下的饱水砂岩变形过程是水-力耦合作用过程，孔隙水压力影响子界面力学变形和强度，同时，子界面的力学变形反作用于子界面的孔隙水压力和渗透率。本书直接利用 3DEC 软件中的裂隙渗流理论[188]分析孔隙水压力对砂岩试样的作用，具体理论公式本节不再详细介绍。

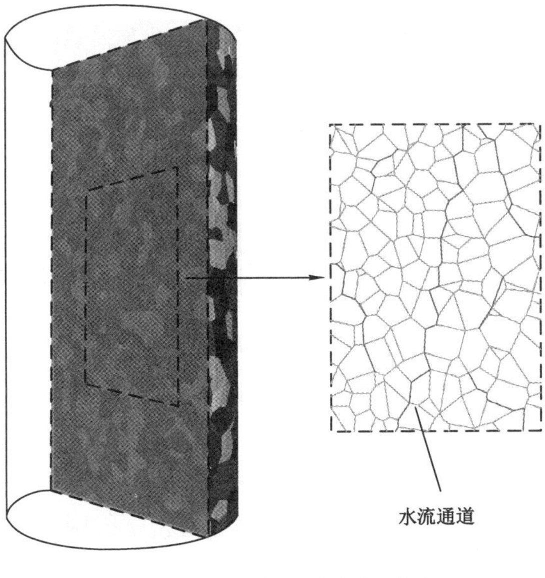

(a) 数值模型中水流动示意图

图 2-12　数值模型中水流动示意图和饱水状态下局部等效界面结构

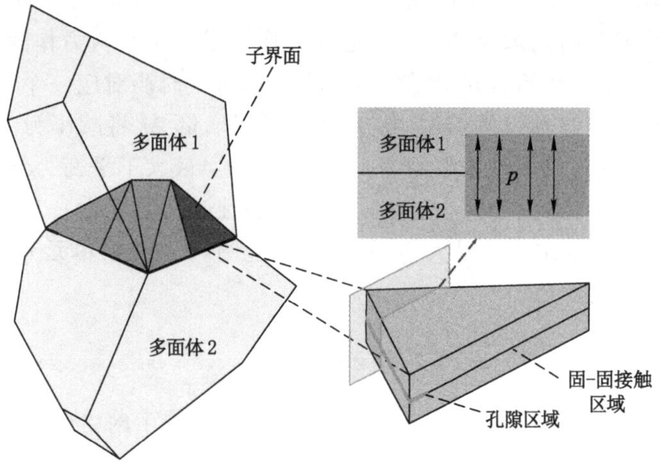

(b) 饱水状态下局部等效界面结构

图 2-12(续)

对于饱水状态下的砂岩,其细观时效变形模型可视为考虑饱和度的黏结界面应力腐蚀模型在饱和度达到100%时的特例。在孔隙水压力作用下,结合有效应力原理,得到饱水砂岩试样发生应力腐蚀反应位置上化学反应速率与有效应力之间的关系式为:

$$v = v_0 \exp[(-\mu_{B^*} + \mu_B + \mu_{0s} + V^* \bar{\sigma}')/(RT)] \tag{2-25}$$

式中,$\bar{\sigma}'$为子界面的有效应力,包括有效拉伸应力、有效剪切应力、有效拉剪混合应力和有效压剪混合应力。

孔隙水压力作用下的饱水砂岩细观时效变形模型中,描述子界面的腐蚀弱化速率(v_D)方程为:

$$v_D = \begin{cases} 0 & \bar{\sigma}' < \sigma_0 \\ \beta_1 e^{\beta_2 \bar{\sigma}'} & \sigma_0 \leqslant \bar{\sigma}' < \sigma_c \\ \infty & \bar{\sigma}' \geqslant \sigma_c \end{cases} \tag{2-26}$$

孔隙水压力作用下的黏结界面应力腐蚀模型中,其基本假设和模拟过程中时间设置方法与考虑饱和度的黏结界面应力腐蚀模型的实施方法相同,即将最大不平衡力作为调整指标来调整模拟过程中的平衡状态。

2.3 多面体与界面的本构模型及破坏准则

Voronoi 多面体离散模型的宏观力学行为主要由多面体之间的界面和多面体的力学行为共同决定[191-192]。当多面体为可变形体时,需要对模型进行网格离散化,形成四面体网格单元,此时多面体之间的界面将自动离散为若干个三角形的子界面。多面体之间的力传递通过子界面实现。本书将多面体设置为可变形体,采用线弹性本构模型:多面体能持续发生变形但不会发生破坏,其力学参数包括密度(ρ)、弹性模量(E)和泊松比(ν)。可变形多面体之间界面由若干个三角形子界面组成,子界面采用库仑滑移模型进行表征,其力学参数主要包括法向刚度(K_n)、切向刚度(K_s)、抗拉强度(T_J)、内聚力(c_J)和摩擦角(φ)等,如图2-13所示。基于最大拉应力准则和莫尔-库仑准则,可以判断子界面的拉伸和剪切破坏,当子界面应力达到强度阈值时,子界面会发生破坏,多面体之间产生滑动、张开或重叠等变形模式。

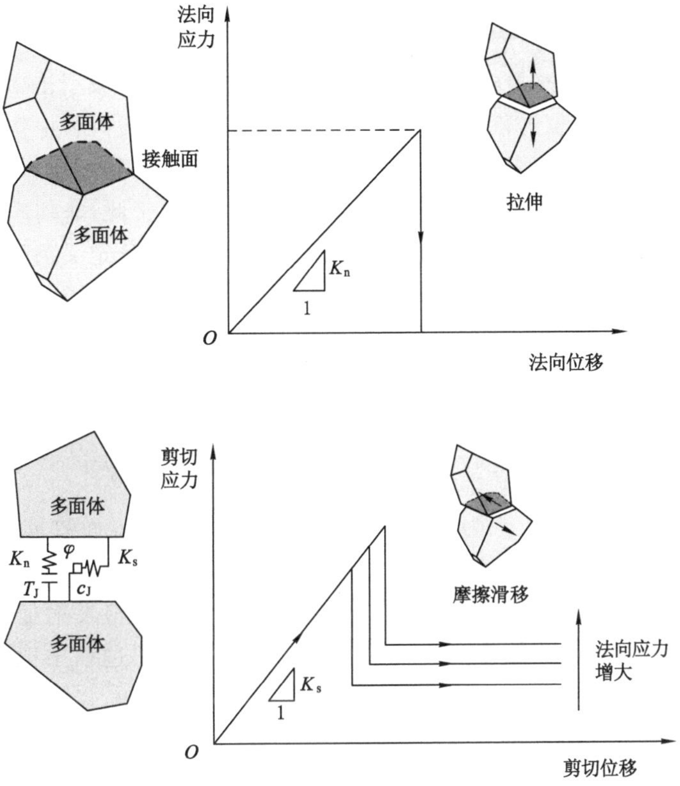

图2-13　子界面的强度准则

子界面的法向应力增量$\Delta\sigma_n$为:

$$\Delta\sigma_n = -K_n \Delta U^n \tag{2-27}$$

式中,K_n为子界面的法向刚度,Pa/m;ΔU^n为子界面上法向位移增量,m。

子界面的切向应力增量$\Delta\tau_i^s$为:

$$\Delta\tau_i^s = -K_s \Delta U_i^s \tag{2-28}$$

式中,K_s为子界面的切向刚度,Pa/m;ΔU_i^s为子界面上切向位移增量,m。

子界面的切向应力阈值为:

$$T_{Jmax} = -T_J \tag{2-29}$$

式中,T_J是子界面的拉伸强度,MPa。

3DEC中规定压缩力为正,子界面上的最大剪切应力为:

$$\tau_{max}^s = c + \sigma^n \tan\varphi \tag{2-30}$$

式中,c和φ是子界面的内聚力和摩擦角。如果子界面上的应力超过应力阈值,拉伸强度或内聚力将被设置为零。

对于拉伸破坏：

$$\text{如果 } \sigma^{n} < T_{\mathrm{Jmax}}\text{，那么 } \tau_{i}^{s} = \tau_{i}^{0}\sigma^{n}\tan\varphi \tag{2-31}$$

对于剪切破坏：

$$\text{如果 } \tau^{s} > \tau_{\max}^{s}\text{，那么 } \tau_{i}^{s} = \tau_{i}^{0}\sigma^{n}\tan\varphi \tag{2-32}$$

式中，τ_i^0 是单位切向应力。

在外力作用下，岩石局部产生微裂纹的同时动态地发射出声波或超声波的现象被称为声发射(acoustic emissions，AE)[193]。随着岩石接近宏观破坏，声发射击中次数和平均振幅均有所增加。通过监测声发射信号，能够掌握岩石破裂的空间结构和损伤劣化程度随时间变化的规律[194-196]。Tang[197]将外力作用下岩石材料体积单元中产生的微破裂(即声发射事件)所占比例定义为损伤变量，并验证了该定义的合理性。鉴于此，非均质含水砂岩细观时效变形模型中，考虑砂岩的细观破裂现象和状态，将损伤变量 D 定义为受力条件下数值模型中积累的子界面破裂数量与子界面破裂数总量的比率，用于定量描述砂岩宏观性能的劣化过程。定义压缩模拟持续进行直至停止生成新的破裂子界面时的子界面破裂数量为子界面破裂数总量。

$$D = \frac{\sum_{i=1}^{m} n_i}{\sum_{i=1}^{M} n_i} \tag{2-33}$$

式中，m 为模型运行的时间步；n_i 为模型运行的第 i 步破裂的子界面数量；M 为模型内不再生成新的破裂子界面时运行的总时间步。Müller 等[27]和 Cai 等[177]的研究结果表明，数值模拟中子界面破裂形成的微裂纹生成率与室内试验测量的声发射振铃计数率具有较好的一致性，因此，本书利用微裂纹生成率表征试样变形破裂过程中微裂纹随时步的演化规律。

2.4 围压施加方法及应力应变测定

由于数值软件 3DEC 中没有能够施加法向力的边界条件命令，模拟过程中无法直接通过边界条件命令向圆柱体数值模型侧面施加围压。为此，本书利用 3DEC 中内嵌的 FISH 语言编写程序实现圆柱体砂岩数值试样中围压的施加，实施方法主要包括以下步骤：① 搜索圆柱体试样侧面边界所有节点并提取每个节点坐标值。② 沿径向设置每个侧边界节点上的合力值为预设围压值。合力值分解为 X 轴、Y 轴方向的轴向力，并通过边界命令(X-FORCE 和 Y-FORCE)施加于侧边界节点。③ 施加过程中，每个侧边界节点上施加的轴向力随加载时步增加按照一定比例逐渐增大，直至达到预设压力值，这样可以保证整个模拟过程中模型处于准静态平衡状态。④ 提取每个侧边界节点上的轴向力并求其合力。将所有侧边界节点上的合力相加，然后除以圆柱试样侧面面积即得到围压值，实时监测围压值大小。

对于 Voronoi 多面体离散模型，外力可以直接施加于侧边界以控制模型的围压值，然而，模拟过程中发现，在这种加载状态下，数值模型的局部区域容易发生破坏，无法得到有效的模拟结果。出现这种问题的原因主要是直接施加于侧边界节点上的力分布不均匀，容易导致局部区域出现应力集中，某些多面体急速变形甚至出现畸形，导致模型整体失效。

图 2-14 为模型围压直接加载示意图。

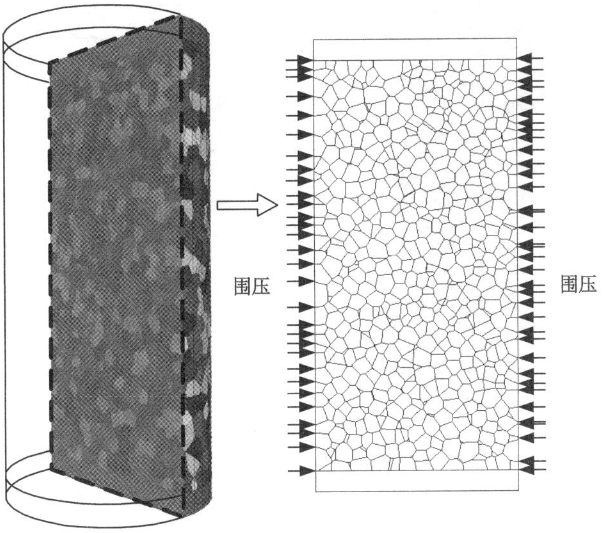

图 2-14　模型围压直接加载示意图

因此，考虑在圆柱体试样侧面增加厚度为 0.001 m 的围压板，围压板直接与模型侧面边界接触，如图 2-15 所示，围压板由 40 个长方形板块组成，板块之间相互接触，但无黏结。增加围压板可以保证模型试样受力均匀，避免出现应力集中现象。单轴压缩模拟试验表明，围压板的存在不影响模拟过程中数值模型的物理力学性质。模拟过程中的轴向加载方式通过在试样上、下表面沿试样轴向施加位移加载时步实现，加载时步设置为 1×10^{-6} m/时步[198]。

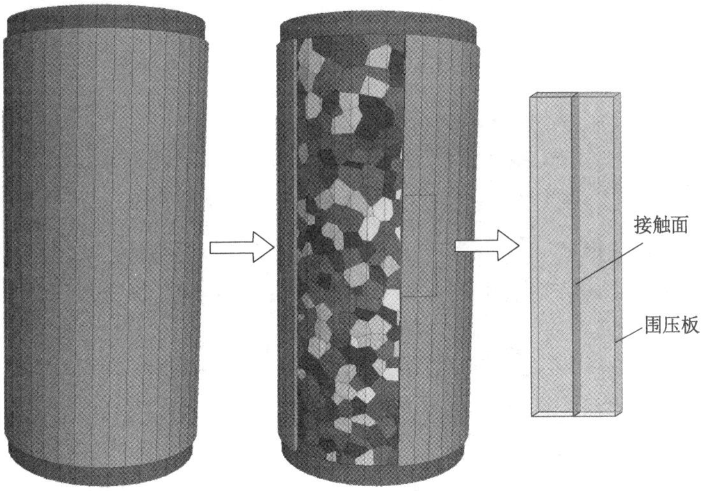

(a) 围压板结构示意图

图 2-15　围压板结构及围压板均匀加载示意图

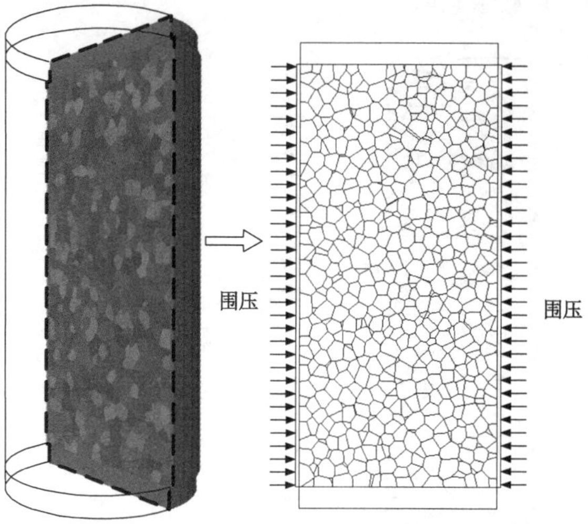

（b）围压板均匀加载示意图

图 2-15(续)

本书进行砂岩试样的应力和应变测定方法如图 2-16 所示[199]。选取距上下端面均为 10 mm 的上下两个横截面上的 10 个节点，测定这 10 个节点在 Z 轴方向上的位移并计算其平均值得到试样的轴向应变；选取试样中间平面上的 6 个节点，测定这 6 个节点向平面圆心的位移并计算其平均值得到试样的侧向应变；测定试样中心 20 mm×20 mm×40 mm 范围内的所有单元的轴向应力，计算其平均值得到试样的轴向应力。需要注意的是，轴向应力也可以通过顶部表面 Z 方向节点力的总和除以试样的横截面积来确定（即采用与室内试验轴向应力测定相同的方法）。本书通过对比室内试验与数值模拟两种方法，得出这两种测定方法监测得到的轴向应力基本相同，因此可以选择其中任意一种测定方式测定模拟过程中试样的轴向应力。

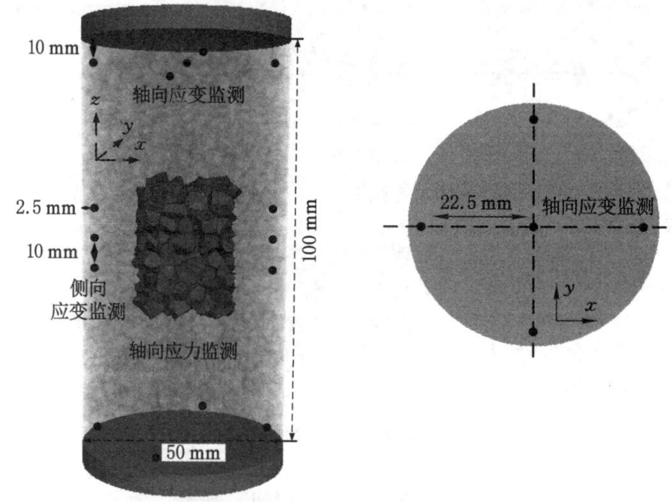

图 2-16　应变和轴向应力监测方式

2.5　细观力学参数标定

对于连续介质数值方法(有限元法、有限差分法等),模型中的力学参数(如弹性模量、泊松比等)可通过室内试验直接获得,而对于 Voronoi 多面体离散模型,岩石材料的宏观力学行为主要由细观尺度上多面体及多面体之间界面的力学参数控制,这些细观力学参数无法直接从试验中获得,需要根据岩石单轴、三轴压缩等试验中获得的宏观物理量(如峰值强度、弹性模量等),通过反复试验法进行标定[191,200],使得数值模型展现的宏观力学特征尽可能接近室内试验的宏观力学响应。细观力学参数的标定过程如图 2-17 所示。Gao 等[21]、Ghazvinian[25]、Li 等[26]和 Zhu 等[201]利用控制变量法对细观力学参数进行了敏感性分析,分析结果表明:① 设置可变形多面体的弹性模量(E)和泊松比(ν)为实际岩石中各矿物颗粒的宏观物理力学性质(即表 2-1 中砂岩试样中不同矿物晶体的物理力学性质)。② 子界面的法向刚度(K_n)和切向刚度(K_s)直接影响试样的弹性模量。法向刚度和切向刚度的增大能硬化试样内部子界面晶格,增强试样的刚度,也能提高多面体变形对试样宏观力学行为的影响程度。③ 子界面的法向刚度与切向刚度的比值(K_n/K_s)影响试样的泊松比、弹性模量和变形的脆延性。随着法向刚度与切向刚度的比值增大,试样的弹性模量减小,泊松比增大,泊松比甚至可能超过最大值 0.5,同时试样变形呈现更大的延性;当法向刚度与切向刚度的比值(K_n/K_s)一定时,随着法向刚度(K_n)和切向刚度(K_s)的减小,多面体的泊松比逐渐接近模型的泊松比。④ 试样的抗压强度随子界面上内聚力(c)的增大呈线性增大,而试样的拉伸强度与内聚力无关,这是因为拉伸试验中的破裂模式和宏观响应由细观拉伸破裂决定,而细观拉伸破裂受内聚力的影响较小。⑤ 随着子界面上内聚力和拉伸强度的比值(c_J/T_J)的减小,试样的峰值强度增大,裂纹萌生的强度阈值增大。⑥ 子界面上摩擦角(φ)反映了颗粒之间界面的粗糙度,随摩擦角(φ)的增大,试样的单轴抗压强度和残余强度均增大,而拉伸试验结果与摩擦角大小没有关系。随着残余摩擦角(φ_r)的增大,断裂接触处的摩擦阻力增大,试样的峰值强度增大。

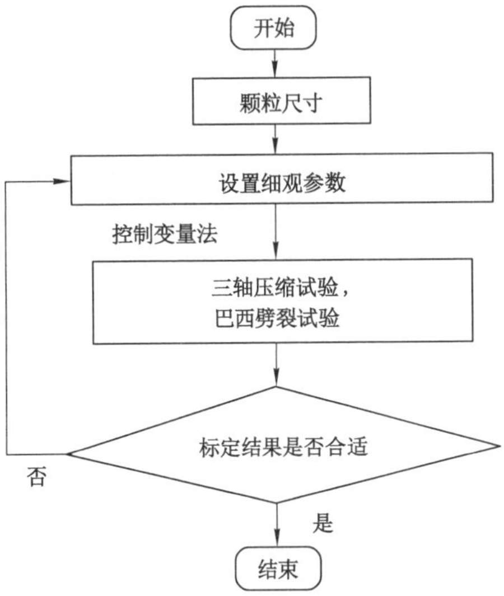

图 2-17　细观力学参数标定流程

根据不同矿物晶体的物理力学性质和细观力学参数标定方法及规律，采用反复试验法标定了理想状态下不同纯矿物晶体细观力学参数，使模拟结果呈现的宏观力学特征尽可能接近纯矿物体的宏观力学参数，最终，通过模拟获得了不同纯矿物晶体试样(标准尺寸试样模型)的应力-应变曲线，如图 2-18 所示。这里需要注意的是，砂岩试样由石英、长石、方解石和黏结物等不同矿物颗粒胶结形成。如果将通过标定求得的不同纯矿物晶体的细观力学参数直接赋值给砂岩试样模型，模拟得到的砂岩试样强度会远远大于真实砂岩的强度值，这说明真实砂岩内不同种类矿物胶结时，颗粒之间的界面胶结强度在一定程度上被弱化，低于理想状态下纯矿物晶体内部矿物颗粒之间的胶结强度。目前尚缺乏合适的方法来准确估计两种相邻矿物颗粒之间界面的强度值。为了得到合理的界面强度值，本书通过一系列不同强度数值的细观标定模拟，最终将不同种类矿物颗粒之间界面的胶结强度值折减为原强度值的 0.5 倍。确定的模型中不同多面体之间界面的细观力学参数如表 2-2 所示。另外，数值模型中颗粒的几何非均匀性[202-207]和数量，以及对模型的加载时步[208]等参数都对试样的力学行为产生影响，这里不再详细介绍。

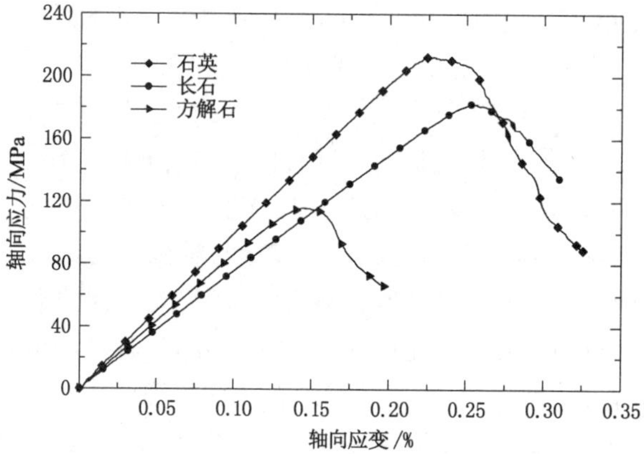

图 2-18　不同矿物晶体的应力-应变曲线

表 2-2　不同矿物颗粒之间界面细观力学参数

界面种类	法向刚度 /(GPa/mm)	切向刚度 /(GPa/mm)	内聚力/MPa	拉伸强度 /MPa	摩擦角/(°)	残余摩擦角 /(°)
石英/石英	800	400	148.5	48.7	27	6
石英/长石	550	275	134.3	44.4	27	6.5
石英/方解石	600	300	111.8	36.9	27	6
石英/黏结物	420	210	78.4	26.6	27	6
长石/长石	300	150	120.0	40.0	27	7
长石/方解石	350	175	97.5	32.5	27	6.5
长石/黏结物	170	85	64.1	22.2	27	6.5
方解石/方解石	400	200	75.0	25.0	27	6
方解石/黏结物	220	110	41.6	14.7	27	6
黏结物/黏结物	40	20	31.2	7.6	27	6

第 3 章　非饱和砂岩水分运移特性研究

当非饱和砂岩内部水分分布不均匀时，受毛细力驱动，水分会从高饱和度区域向低饱和度区域运移，促使砂岩内部水分分布逐渐均匀。而当砂岩内部水分分布不均匀时，砂岩的强度、泊松比、蠕变变形等力学性质可能会受到影响，不同饱和度砂岩力学试验的试验结果误差也会增大。但是，已有的研究很少考虑岩石内部水分空间分布对其力学性质的影响。鉴于此，本章利用核磁共振成像技术实时监测砂岩试样中水分运移过程，利用第 2 章建立的砂岩水分运移模型模拟砂岩内部水分运移演化规律，并结合非均质含水砂岩细观时效变形模型研究水分空间分布对砂岩强度的影响。

3.1　砂岩水分运移核磁共振成像试验

3.1.1　核磁共振成像技术基本原理

核磁共振成像技术不仅用于医学临床诊断，也广泛用于岩石材料领域，如岩石材料孔隙度、渗透率、孔隙分布的定量化计算和岩石材料内部裂缝识别等细观结构信息确定等。核磁共振成像系统利用射频脉冲对置于磁场中物体内部含有的氢质子进行激励，之后对氢质子的弛豫过程进行检测，并用感应线圈采集信号，以确定物体中氢质子的空间分布和特性，并基于特定的数学方法重建物体内部的结构图像。

本章主要利用核磁共振成像技术研究砂岩内部水分运移过程，试验使用的设备为东北大学医学与生物信息工程学院的磁共振成像系统 EXPOTUS Ⅱ，如图 3-1 所示。核磁共振成像系统的型号为 EXPOTUS 0.35T，磁场强度为 0.35 T±0.005 T，梯度场强度为 24 mT/m，射频功率放大器的输出功率为 6 kW，使用四个接收通道谱仪和一个相控阵多通道线圈，采用 3 kHz 宽带、180°射频脉冲和自动多层快速扫描，图像以 DICOM 格式存储和传输。该系统主要包括以下几个部分：① 提供稳定、均匀空间磁场环境的磁体系统；② 发射能够激发氢原子核的射频脉冲的射频系统，主要由射频线圈、射频脉冲发生器、射频放大器构成；③ 对磁共振信号进行空间定位的梯度系统，主要由梯度线圈、梯度放大器、模数转换器、梯度控制器等构成；④ 控制系统、图像处理系统等辅助系统。

核磁共振成像技术的基本原理是关于氢质子(^1H)的射频能量与强磁场的相互作用，其基本过程如下：

(1) 将被测试样放置在核磁共振成像系统的载物平台，施加磁场之前，试样中所有的氢质子都各自进行自旋运动，形成一个个方向随机的小磁场，如图 3-2(a)所示。

(2) 当施加一个外部静磁场(B_0)后，试样内部所有氢质子的磁矩方向将有序排列，其中大部分氢质子处于低能态，它们的磁矩方向与 B_0 方向相同；少量氢质子处于高能态，它们

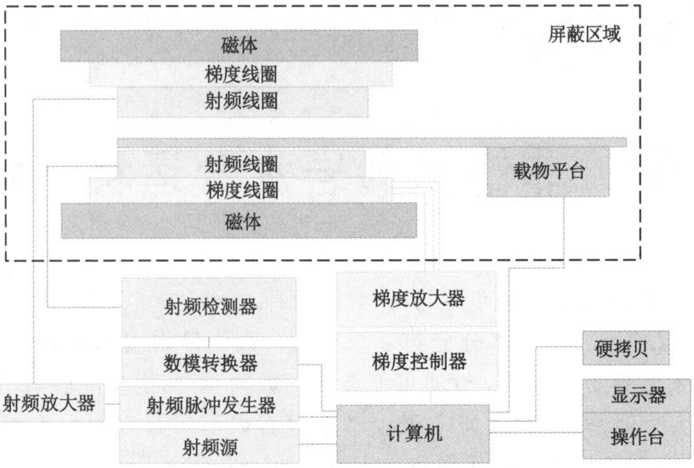

(a) 结构示意图

(b) 实物图

图 3-1　核磁共振成像系统

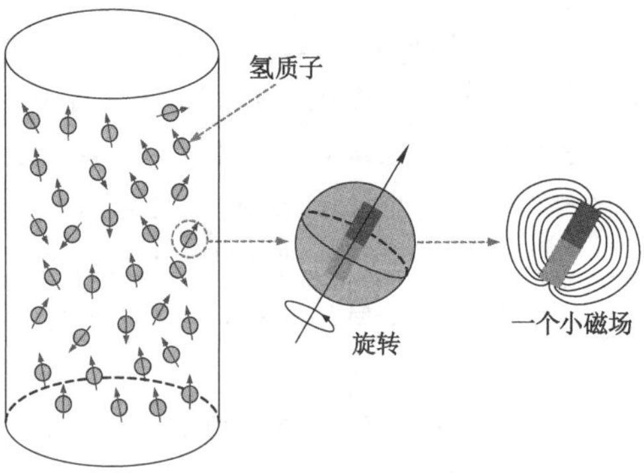

(a) 自然状态

图 3-2　核磁共振原理示意图

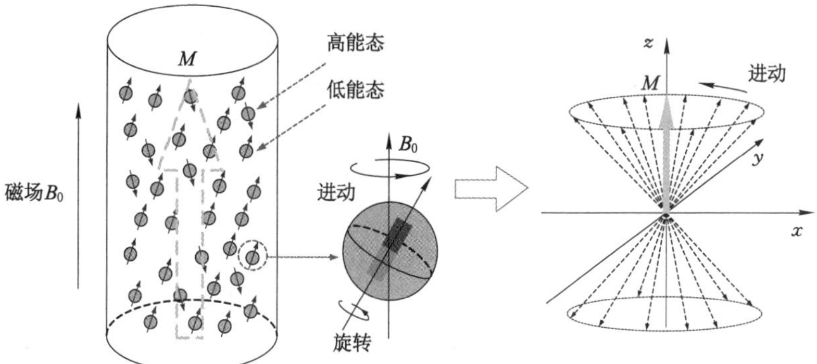

(b) 平衡态

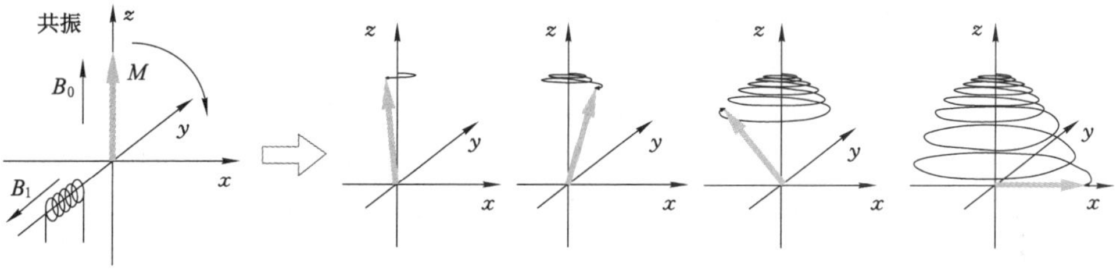

(c) 激发态

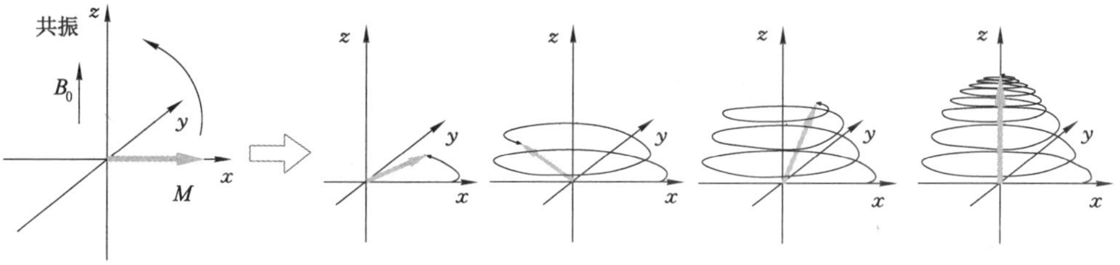

(d) 自旋弛豫态

图 3-2(续)

的磁矩方向与 B_0 方向相反。将所有氢质子的磁矩进行叠加，会产生一个与 B_0 方向相同的净磁化矢量 M(即宏观纵向磁化强度)。这些氢质子在静磁场中仍然继续进行自旋运动，在三维空间中表现为有规律的锥形回旋转动，这个过程被称为氢质子进动，利用拉莫尔频率方程可以精确地确定氢质子的进动频率(或进动速度)，如图 3-2(b)所示。

(3) 在静磁场中施加一个与氢质子进动频率相同且与 B_0 方向垂直的振荡射频脉冲(B_1)，处于低能态的氢质子将吸收射频脉冲的能量，跃迁到高能态，净磁化矢量方向开始偏移。当射频脉冲的能量足以使 50%的氢质子跃迁到高能态时，净磁化矢量在 B_0 方向上的分量被抵消，氢质子在射频脉冲的频率推动下同步进动，这就是核磁共振现象，此时在垂直于 B_0 方向的平面上形成一个水平磁化矢量(即横向磁化矢量，M 的横向分量)，如图 3-2(c)所示。

(4) 关闭振荡射频脉冲(B_1)，净磁化矢量的纵向分量逐渐恢复到初始值，能量释放，氢质子从高能态转变为低能态(即弛豫现象)。在这个过程中，M 的变化会在接受线圈中产生感应信号(即核磁共振信号)，如图 3-2(d)所示。

通过检测和分析核磁共振信号可以重构砂岩试样中水分子的空间分布，反映水在非饱和试样中的运移过程。本书使用核磁共振成像系统对非饱和砂岩试样中水的氢质子分布进行表征，核磁共振成像过程中所获得的图像的像素强度(即像素亮度)反映了水分子的空间分布情况，能够为非饱和砂岩中水运移过程的研究提供重要信息。

3.1.2 砂岩浸水测试

利用制备的标准尺寸(直径×高为 50 mm×100 mm)砂岩试样开展非饱和砂岩水分运移核磁共振成像试验，所制备试样的孔隙率接近，试样的初始饱和度大约为 5%。浸水之前，所有试样都放置于温度(21 ℃±2 ℃)和相对湿度(17%±2%)恒定的控制室中。在试样的上下端面涂一层非常薄的硅酮疏水剂(即一种液体憎水剂)，形成一层防水层，确保浸水过程中水只从试样的侧表面进入试样内部。表 3-1 为浸水过程中三个试样的质量随时间(20 min 内)的变化过程。浸水过程中，每隔 1 min 测量一次质量。测试结果显示，在初始阶段(6 min 以内)，试样质量的增加速率较快，之后试样质量的增加速率随时间的延长而减小，试样质量增加缓慢或停止增加。在蒸馏水侵入试样内部时，有小气泡不断地从试样的侧表面排出，这说明砂岩内部的空气被前进的湿润锋所置换并从试样中排出。

表 3-1 砂岩试样质量与浸水时间关系

浸水时间/min	试样质量/g		
	SZ-01	SZ-02	SZ-03
0	415.88	416.35	416.07
1	424.64	425.52	426.35
2	427.36	428.99	429.61
3	428.81	430.11	430.30
4	430.30	432.01	433.42
6	431.86	432.80	435.06
8	433.06	433.66	435.25
10	433.75	433.99	435.24
12	433.91	433.99	435.29
14	433.96	434.01	435.30
16	433.89	434.08	435.30
18	433.95	434.05	435.34
20	433.97	434.08	435.34

3.1.3 试验过程

将上下端面做过防水处理的试样完全浸入盛有蒸馏水的烧杯内，浸水一定时间后从烧杯中取出，擦去试样表面的自由水并在试样表面包裹保鲜膜(防止水分蒸发)。然后立即将试样放入核磁共振成像系统中获得直接显示试样中水分分布的核磁共振图像。试验中沿着试样的轴线进行切片，设置切片厚度和切片间隔分别为 100 mm 和 0，试验中设置图像采集时间为 2 min。这里需要注意的是，延长图像采集时间，能减小图像噪点，获得更清晰的图像。但是图像采集时间越长，试样被静置的时间也越长，这样会导致试样内部水分空间分布改变，无法真实反映试样水分运移的实时扩散过程。因此，综合分析之后设置图像采集时间为 2 min。

通常情况下，核磁共振图像根据自身信号强弱显示亮暗，导致不同浸水时间试样的核磁共振图像信号强度缺乏可比性。为表征不同浸水时间试样中水分空间分布的演化特征，需要把图像按照统一标准进行亮暗显示。为此，选取一个砂岩试样浸水至质量恒定（即达到饱和水状态），用保鲜膜多层包裹并静置 48 h 作为校准岩样。将校准岩样置于核磁共振成像系统中，获取其水分分布图像，并以该校准岩样的核磁共振图像信号强度作为校准标准。同时，利用图像的灰度值表征图像强度（图像越亮的区域灰度值越大，图像越暗的区域灰度值越小），在校准岩样的核磁共振图像中提取的最大灰度值为 4 095。每次试验时，将校准岩样与试验试样同时置于核磁共振成像系统中，获取核磁共振图像，如图 3-3 所示。通过将提取的灰度值与试样各处的体积含水率(θ)一一对应，确定试样内部各位置的含水量。基于上述方法求得校准岩样内部各处的体积含水率均为 0.127。

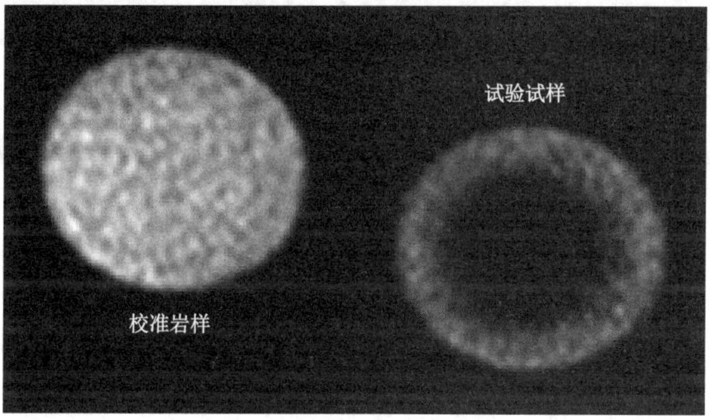

图 3-3　砂岩试样的核磁共振图像

3.2　砂岩水分运移特征

3.2.1　不同浸水时间的砂岩的核磁共振图像

将两端面做过防水处理的试样完全浸入盛有蒸馏水的烧杯内分别浸泡 0.5 min、1.5 min、3 min、5 min、8 min 和 12 min[根据已完成的砂岩浸水测试结果（表 3-1）选择浸水时间]，利用浸泡后的试样进行核磁共振试验，得到不同浸水时间的试样的核磁共振图像，如图 3-4 所示。图像中的灰度值反映了不同位置磁共振信号强弱，信号越强，图像区域越亮，表示该区域含水量越多；信号越弱，图像区域越暗，表示该区域含水量越少。从图 3-4 中可以看出，蒸馏水持续从试样侧表面进入试样内部，随着浸水时间延长，水逐渐向砂岩试样中心运移。核磁共振成像时图像质量直接与所监测材料中含有的氢质子数量有关，当氢质子数量较少时，获得的核磁共振图像信噪比较差，噪点几乎淹没图像，无法有效观察到材料中的水分分布。因此，对于低饱和度试样（如浸水前的试样，其饱和度约为 5%），试样中水分子数量少（即氢质子数量少），无法利用核磁共振成像系统观察其内部的水分分布情况。

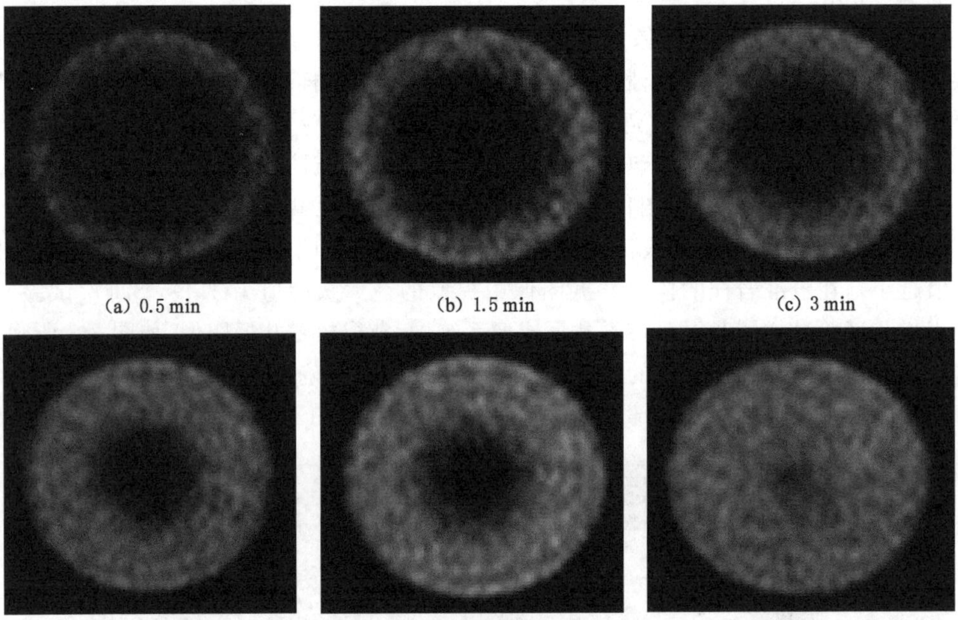

(a) 0.5 min　(b) 1.5 min　(c) 3 min

(d) 5 min　(e) 8 min　(f) 12 min

图 3-4　不同浸水时间的试样内部水分分布

以浸水 3 min 后砂岩试样的核磁共振图像为例，选取 6 条径向线测量砂岩试样内部水分分布情况，绘制沿所选取的 6 条径向线的体积含水率分布图，如图 3-5 所示。由图 3-5 可知，6 条径向线的水分分布曲线近似重合，说明砂岩试样各部分的水分运移相对均匀。因此，在下面的研究中，砂岩试样水分运移特性的分析均基于 1# 径向线进行。

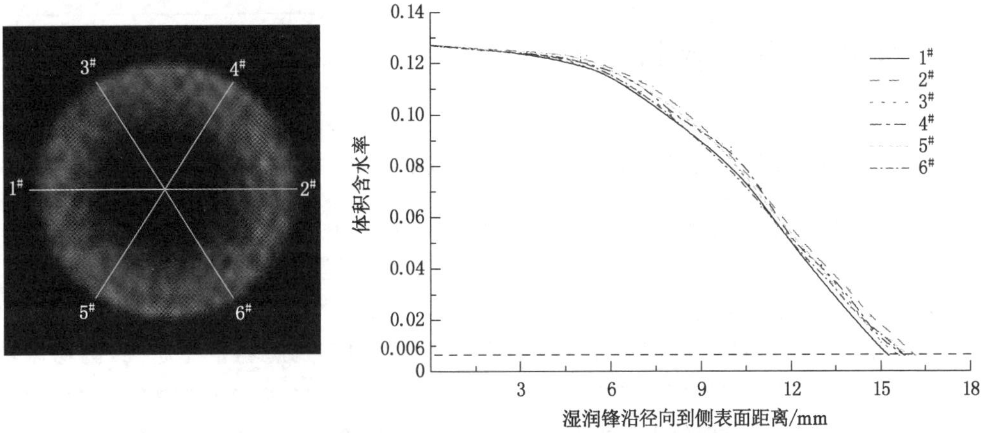

图 3-5　核磁共振图像中识别试样内部湿润锋位置

3.2.2 核磁共振图像处理

将砂岩试样的核磁共振图像导入 MATLAB，利用编写的代码将图像中每个灰度像素替换为一个点。经过处理的核磁共振图像清楚地显示了砂岩试样中水分的分布，每个点代表试样中的单个水分子，如图 3-6 所示。

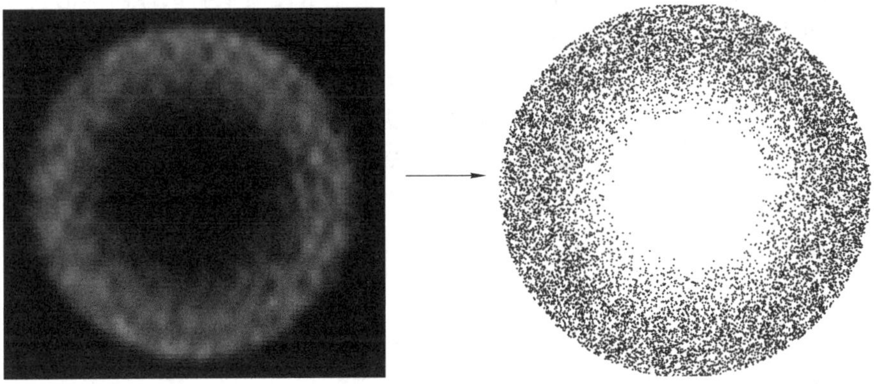

图 3-6　砂岩试样的核磁共振图像处理

处理后的浸水时间分别为 0.5 min、1.5 min、3 min、5 min、8 min、12 min 和 20 min 的砂岩试样的核磁共振图像如图 3-7 所示，图中的点表示试样内部的单个水分子。图 3-7 展示了水从圆柱形试样的侧表面向中心轴运移的演化过程。当浸水时间为 0.5 min 时，试样内部的水分形成一个含水空心圆柱，试样的中心轴保持初始含水状态；随着浸水时间的延长，试样内部的孔隙逐渐被水填满，水分逐渐运移到试样中心轴，直到试样达到完全饱和状态。试验结果证明了利用核磁共振成像技术表征砂岩水分空间分布演化特征的有效性，核磁共振图像能为砂岩水分运移过程提供高质量的、定量的试验数据。

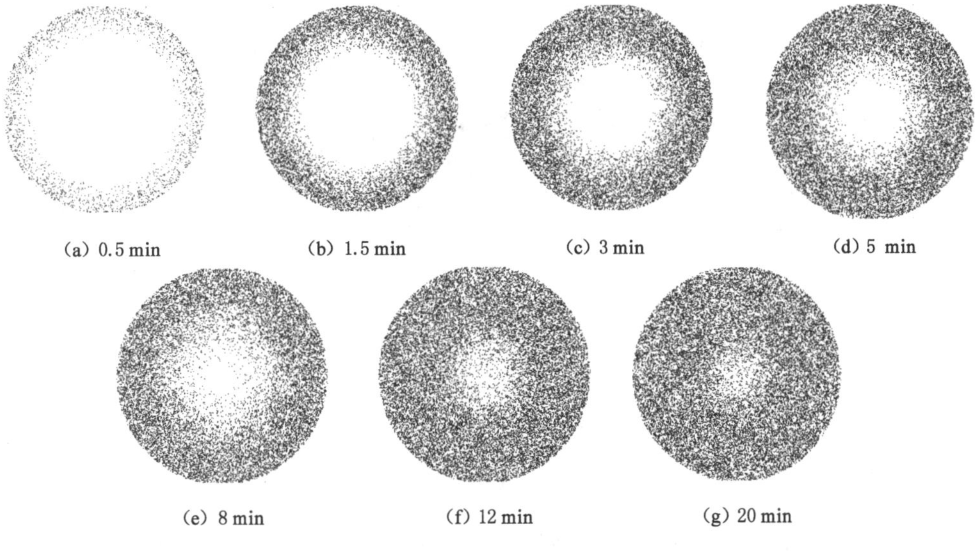

图 3-7　不同浸水时间的砂岩核磁共振图像

3.2.3 不同浸水时间的砂岩体积含水率演化规律

图 3-8 所示为浸水不同时间后试样的体积含水率分布曲线，其中未浸水前试样的初始体积含水率(θ_i)为 0.006(即图中的虚线)，从试样侧表面沿径向到体积含水率降为 0.006 的位置表示为试样湿润锋的位置。从图 3-8 中可以看出，在浸水过程中，水逐渐从试样的侧表面向试样中心轴运移，约 9 min 后水到达试样中心轴。水逐渐填满试样内部的孔隙，试样的饱和度增大直至饱水，最终体积含水率(θ_0)为 0.127。图 3-9 所示为砂岩试样的体积含水率与玻尔兹曼变量(λ)的关系。从图 3-9 中可以看出，不同浸水时间下，试样的体积含水率与玻尔兹曼变量关系曲线表现出高度相似性，主要集中在同一条主线附近。其中对于浸泡时间为 0.5 min 的砂岩产生的数据偏差，可能是试验误差造成的。图 3-10 所示为试样的湿润锋位置与浸水时间的平方根的关系。由图 3-10 可以看出，湿润锋位置与时间的平方根呈线性关系，这与之前其他学者的研究结果相一致[74,82]。

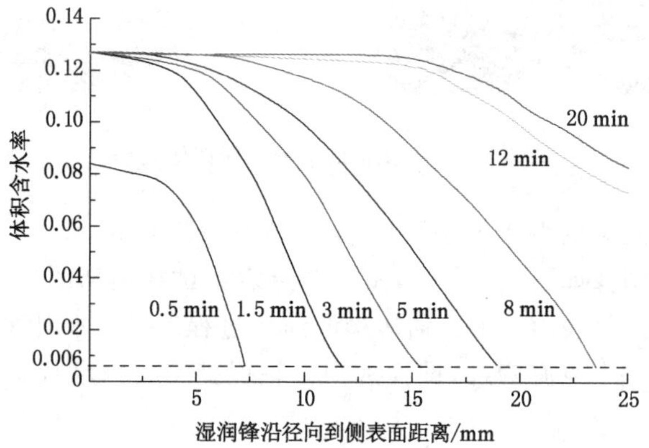

图 3-8 不同浸水时间后试样的体积含水率分布曲线

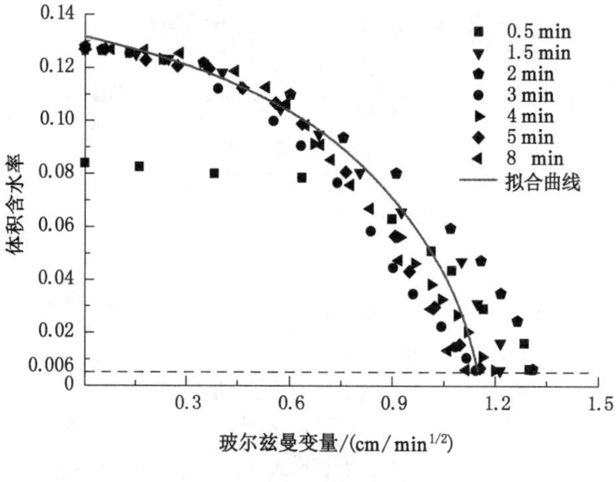

图 3-9 试样的体积含水率与玻尔兹曼变量的关系

根据 Evangelides 等[209-210]的研究，利用包含三个常量(a、b_1 和 c_1)的拟合函数表示砂岩

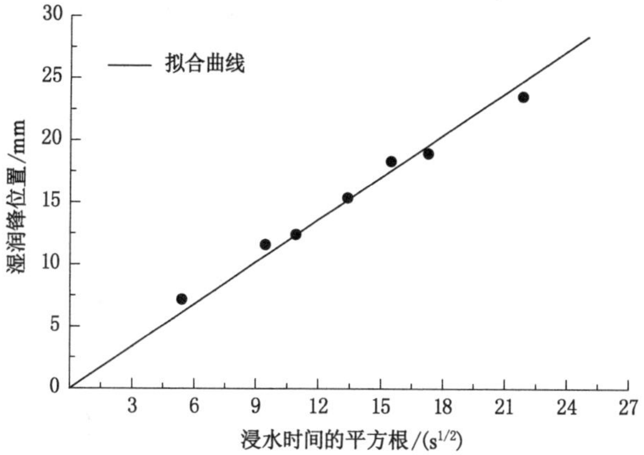

图 3-10　试样的湿润锋位置与浸水时间的平方根的关系

试样中水分空间分布及运移演化规律，其表达式为：

$$\theta(\lambda)=-\left[\theta_0+a\arctan(b_1\lambda+c_1)\right] \tag{3-1}$$

由式(3-1)得到以体积含水率 θ 为自变量的非饱和扩散函数的表达式为：

$$D(\theta)=-0.5\frac{1+\left[\tan\left(-\frac{\theta+\theta_0}{a}\right)\right]^2}{ab_1}\left\{\frac{c_1}{b_1}(\theta-\theta_i)+\frac{a}{b_1}\ln\left[\frac{\left|\cos\left(\frac{\theta_i+\theta_0}{a}\right)\right|}{\left|\cos\left(\frac{\theta+\theta_0}{a}\right)\right|}\right]\right\} \tag{3-2}$$

根据图 3-9 中的拟合曲线，计算得到 θ_0、a、b_1 和 c_1 的值分别为 0.127、0.19、3.02 $s^{0.5}/m$ 和−4.40。利用砂岩试样的非饱和扩散函数求得非饱和水扩散系数与体积含水率(θ)的关系曲线如图 3-11 所示。从图 3-11 中可以看出，随着体积含水率从 0.006 增加到 0.015，试样的非饱和扩散系数呈非线性增加，从 0.000 01 mm^2/s 增加到 0.01 mm^2/s。当体积含水率达到 0.025 时，试样的非饱和扩散系数的增加速率将保持不变。

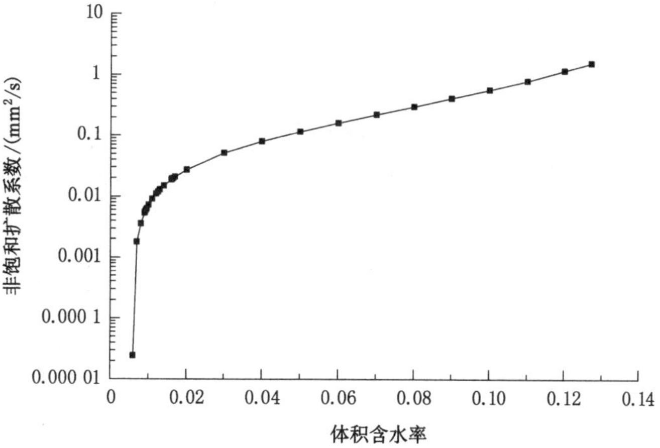

图 3-11　试样的非饱和扩散系数与体积含水率的关系曲线

图 3-12 为试样中沿 1# 径向线不同位置(分别距离侧表面 2 mm、5 mm、8 mm、11 mm、14 mm、17 mm、20 mm、23 mm)的体积含水率与浸水时间的关系曲线，这些曲线与利用

式(3-1)计算得到的沿径向线不同位置的体积含水率与浸水时间的关系曲线一致。

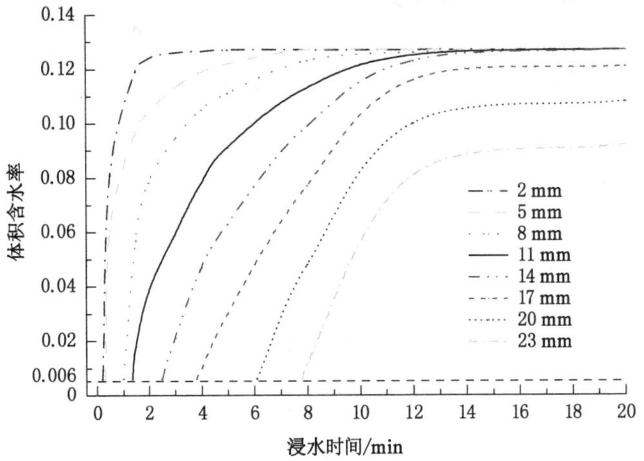

图 3-12　沿试样的 1# 径向线不同位置处的体积含水率与浸水时间的关系

3.2.4　不同浸水方式对水分运移的影响

将 6 个砂岩试样分为两组(每组 3 个试样),第一组:将试样浸水 1.5 min 后取出,称重并用保鲜膜包裹,然后将试样放置在恒温(21 ℃±2 ℃)和恒湿(17%±2%)的控制室中保存 15 h,最后再次将试样分别浸水 0.5 min、1.5 min 和 3 min。第二组:试样分别浸水 2 min、3 min、4.5 min。在完成浸水之后,两组试样都立即进行核磁共振成像试验。图 3-13 为两组试样的核磁共振图像及体积含水率分布曲线。从图 3-13 中可以看出,对于浸水总时间相同的试样,浸水两次后试样的饱和度要远大于浸水一次的试样的饱和度。第一组试样浸水3 min 后饱和度为 63.6%,而第二组试样浸泡相同时间后饱和度为 49.1%。浸水两次的试样的湿润锋位置比浸水一次的试样的湿润锋位置更接近试样的中心轴。这些现象表明,试样多次浸水并静置增强了试样内部水分的运移能力。

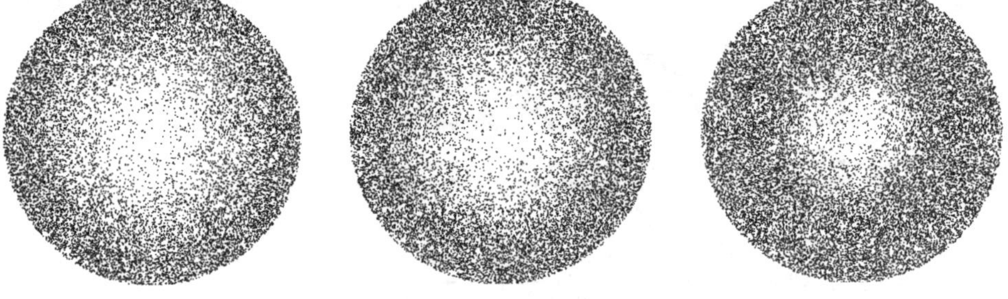

1.5 min+0.5 min　　1.5 min+1.5 min　　1.5 min+3 min

(a) 浸水1.5 min后试样再次浸水不同时间 (0.5 min、1.5 min和3 min) 的核磁共振图像

图 3-13　两组试样的核磁共振图像及体积含水率分布曲线

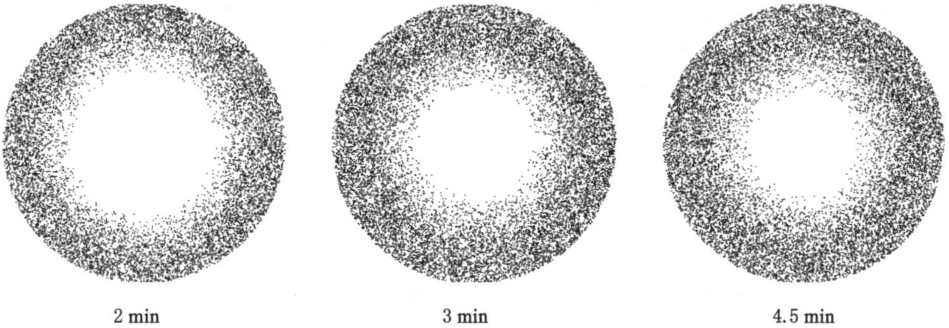

(b) 浸水2 min、3 min和4.5 min后试样的核磁共振图像

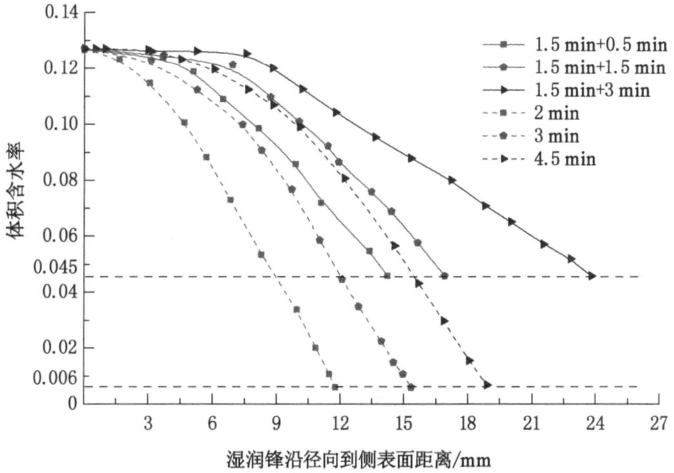

(c) 试样水分运移过程中体积含水率分布曲线

图 3-13(续)

图 3-14 为浸水 3 min 的试样在静置 2 min、4 min、8 min、12 min、16 min、20 min、24 min 和 28 min 后内部体积含水率的分布图。从图 3-14 中可以看出，试样浸泡 3 min 后，

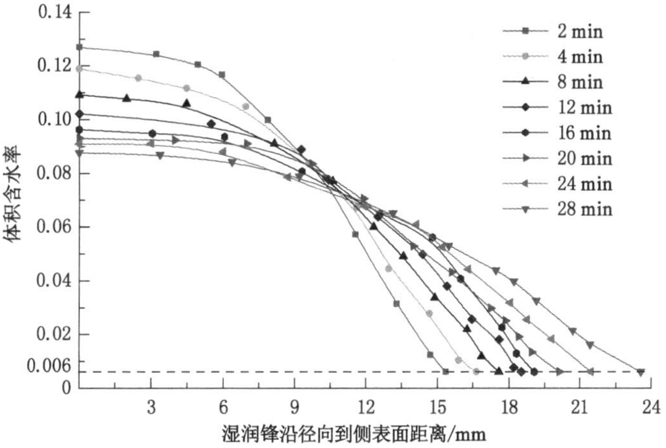

图 3-14　浸泡 3 min 后试样静置不同时间时内部体积含水率分布

水从侧表面进入试样，在试样的外表面附近产生含水圆环；在试样静置期间，水分逐渐从试样的侧表面向试样中心轴运移，静置时间越长，侧表面的体积含水率越小。这说明尽管砂岩试样的饱和度相同，但随着静置时间的改变，试样内部水分的空间分布也发生变化，最终试样内部水分均匀分布。

3.3 砂岩水分运移数值模拟

根据 2.2.3 节建立的非饱和砂岩水分运移模型，结合 3.2 节砂岩水分运移核磁共振试验确定的非饱和扩散函数中 θ_0、a、b_1 和 c_1 值（分别为 0.127、0.19、3.02 $s^{0.5}/m$ 和 −4.40），模拟非饱和砂岩试样内部水分运移演化过程。

3.3.1 不同浸水时间的砂岩试样内部水分湿润锋的移动

不同浸水时间的砂岩试样内部水分湿润锋的移动过程如图 3-15 所示。从图 3-15 中可以看出，模型中多面体之间的界面是水分运移的主要通道，随着试样浸水时间的延长（即试样饱和度的增加），湿润锋逐渐向试样的中心轴移动，中心轴位置的饱和度随之增加，直至达到完全饱和，试样中水分运移模拟结果与试验中观察到的结果非常相似。

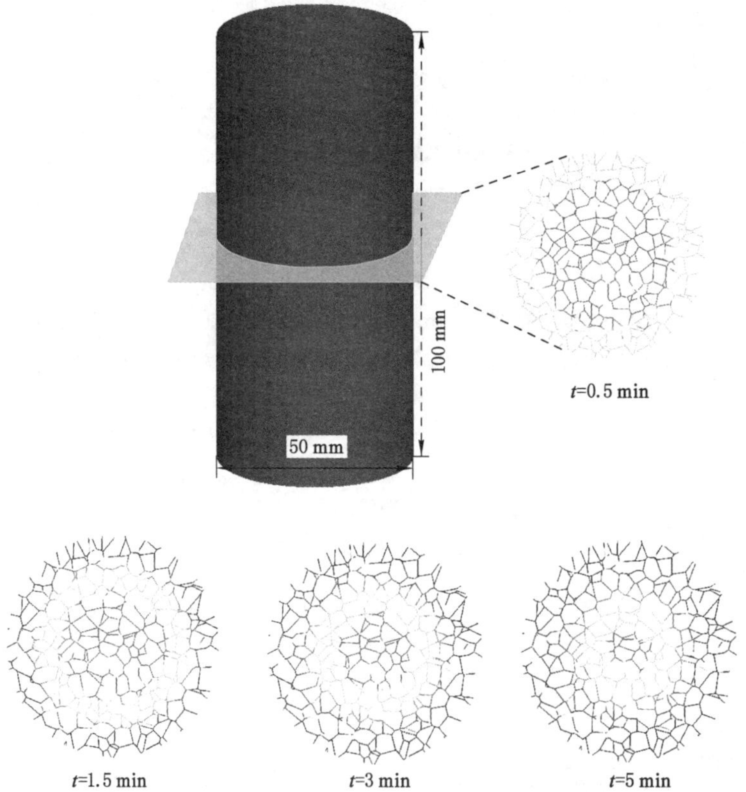

图 3-15　不同浸水时间的砂岩试样内部水分湿润锋的移动过程

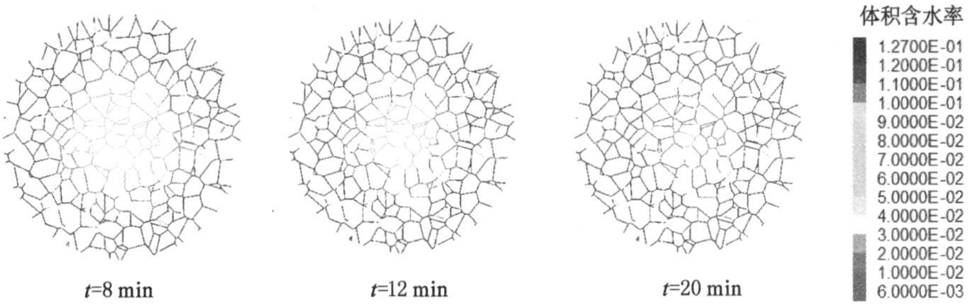

图 3-15(续)

3.3.2　静置不同时间时砂岩内部水分的空间分布演化

浸水 3 min 后的砂岩试样(其饱和度约为 49.3%)在静置不同时间(2 min、4 min、6 min、12 min、16 min、20 min、24 min 和 28 min)时内部水分的空间分布演化如图 3-16 所示。从图 3-16 中可以看出,水最初主要存在于试样侧表面附近,形成非饱和的空心圆柱,静置一段时间后,水分逐渐从试样侧表面向试样中心轴运移,试样侧表面附近的体积含水率逐渐减小,中心轴附近的体积含水率逐渐增大,最终试样内部水分均匀分布。

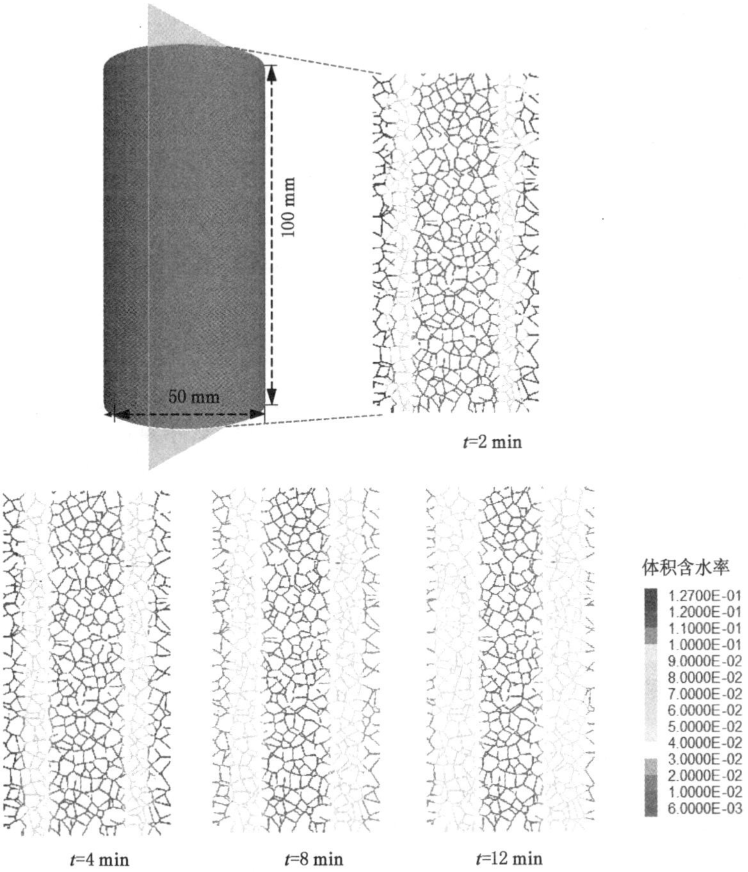

图 3-16　浸水 3 min 后试样在静置不同时间时内部水分的空间分布演化

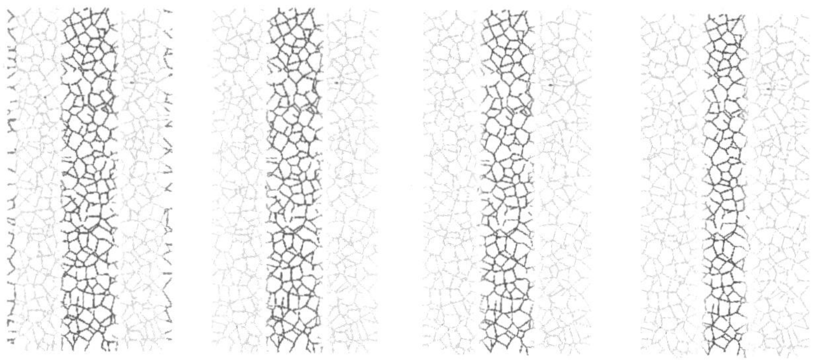

图 3-16(续)

3.3.3 恒定饱和度砂岩水分空间分布对其强度的影响

本章建立的非饱和砂岩水分运移模型不仅能够反映砂岩内部水分空间分布的演化规律，还可以得到砂岩试样内部各个位置的饱和度。进一步将该模型与第 2 章建立的非均质含水砂岩细观时效变形模型结合，模拟分析砂岩内部水分空间分布对砂岩力学性质的影响。非均质含水砂岩细观时效变形模型中非饱和细观参数 α 和 β 的值分别为 5 和 1.51(参数 α 和 β 的标定过程将在 4.3 节详细介绍)。

针对饱和度(49.3%)相同、静置时间不同的砂岩试样开展单轴压缩模拟试验，模拟结果如图 3-17 所示，其中以顶部表面 Z 方向节点力的总和除以试样的横截面积作为试样的轴向应力(即与室内试验测定轴向应力的方法相同)。由图 3-17 可知，当水分主要存在于试样的侧表面附近(即试样静置时间较短)时，试样的单轴抗压强度较大；随着水分在试样中的分布越来越均匀(即试样静置时间越来越长)，试样的单轴抗压强度和单轴直接拉伸强度呈减小趋势，如随着静置时间从 2 min 延长到 28 min，单轴抗压强度从 42.1 MPa 减小到 41.0 MPa，减幅为 2.61%。试样的弹性模量也受试样内部水分空间分布的影响。随着静置时间从 2 min 延长到 28 min(即水分分布逐渐均匀)，试样的弹性模量从 8.82 GPa 减小到 10.33 GPa。饱和度相同的砂岩试样中，其内部水分的均匀分布导致了砂岩试样的单轴抗压强度和单轴直接拉伸强度的小幅度减小以及弹性模量的小幅度增大，这说明试样的饱和度及内部水分空间分布对砂岩的力学性质都有一定的影响。

图 3-18(a)所示为饱和度(49.3%)恒定、静置时间不同的砂岩试样的轴向应力-应变曲线，其中通过监测模型中心 20 mm×20 mm×40 mm 区域所有多面体的平均轴向应力 σ_{zz} 计算得到该区域的平均轴向应力。模拟结果表明，试样中心区域的强度(峰值应力)随着静置时间的延长(即水从试样侧表面向中心轴迁移)而减小，如随着静置时间从 4 min 延长到 24 min，测定区域的强度从 50.7 MPa 减小到 46.3 MPa。图 3-18(b)所示为饱和度恒定(49.3%)、静置 2 min 时试样内部不同大小的中心区域的轴向应力-应变曲线。测定的中心区域分别为：15 mm×15 mm×40 mm、20 mm×20 mm×40 mm、25 mm×25 mm×40 mm、30 mm×30 mm×40 mm、35 mm×35 mm×40 mm。模拟结果表明，测定区域的强度(峰值应力)随着测定区域的增大而减小。

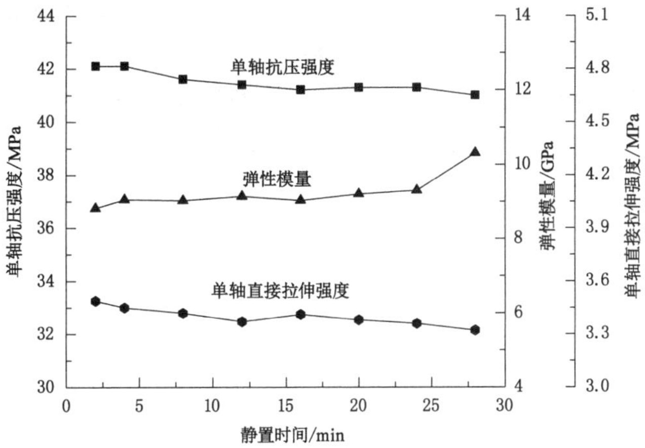

图 3-17　饱和度相同静置时间不同的砂岩试样的单轴压缩模拟结果

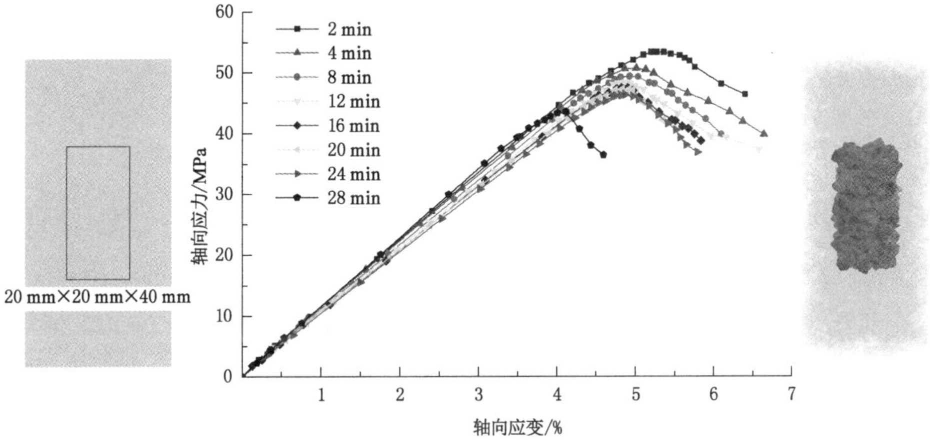

(a) 饱和度恒定、静置时间不同的砂岩试样的轴向应力-应变曲线

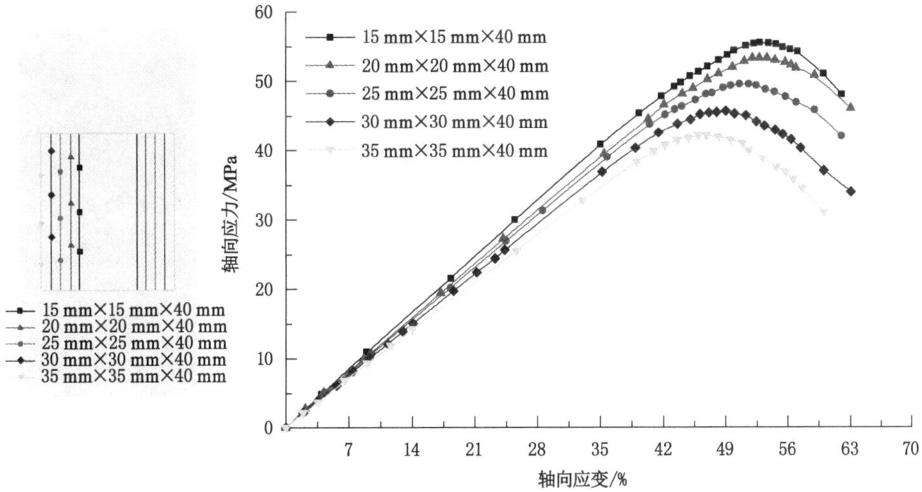

(b) 饱和度恒定、静置2 min后试样内部不同大小的中心区域的轴向应力-应变曲线

图 3-18　不同条件下砂岩试样的轴向应力-应变曲线

以上模拟结果表明，水分的不均匀分布直接导致了砂岩试样内部强度的不均匀分布，直接影响砂岩试样的力学强度。所以在开展饱和度对岩石瞬时和蠕变力学特性影响的试验中，有必要重视不同饱和度岩石试样的制备方法，排除水分分布不均、饱和度精确度低等情况对试验结果的影响，减小试验误差。

第 4 章　不同饱和度砂岩压缩变形破裂特性

针对饱和度对岩石力学性质的影响，很多科研工作者利用声发射、红外辐射、图像数字化等监测方法已经开展了大量研究，但是研究内容主要集中于水对岩石峰值强度、弹性模量、脆延性转化、损伤演化等力学性质影响，对细观尺度上不同饱和度砂岩的压缩变形特性分析不足。基于此，本章利用自主研制的不同饱和度岩石试样制备装置，精确制备不同饱和度砂岩试样，开展不同饱和度和不同孔隙水压力条件下砂岩常应变率压缩试验，并基于本书建立的非均质含水砂岩细观时效模型，模拟分析不同饱和度条件下砂岩的变形损伤和破裂过程。

4.1　恒湿环境下不同饱和度岩石试样制备装置

常用的制备不同饱和度岩石试样的方法是：将烘干的试样浸水不同时间，然后用保鲜膜包裹试样或在试样表面涂抹隔水剂(防止试样内部水分的蒸发)，静置 24 h 后即获得不同饱和度的岩石试样。然而，水是按照水传导原理自发渗吸进入岩石试样的，使用这种方法制备的不同饱和度的岩石试样，其内部水分容易分布不均匀，试样表面区域含水较多，试样中心区域含水较少，这样容易导致试验结果出现误差。另外，在流变试验过程中，保鲜膜或隔水剂不能完全阻止试样内部水分蒸发，无法有效保持试样饱和度的长期恒定。当要求制备较高精确度的不同饱和度岩石试样时，这种方法不能满足要求。鉴于此，基于化学-热力学原理和渗析技术，本节研制一种恒湿环境下不同饱和度岩石试样制备装置，该装置既能精确制备不同饱和度岩石试样，又能保证单轴压缩或单轴流变试验过程中岩石试样处于恒湿环境(与岩石饱和度相对应的湿度)。

根据化学-热力学原理可知，水(包括液态水和水蒸气)不是静止不动的，总是从高化学势向低化学势转移。当岩石试样内部水化学势大于周围环境中水蒸气化学势时，岩石试样内部的水向周围环境中运移，岩石试样的饱和度降低；而当岩石试样内部水化学势小于周围环境中水蒸气化学势时，岩石试样吸收周围环境中的水蒸气，岩石试样的饱和度增大。最终岩石试样内部水化学势等于周围环境中水蒸气化学势，水不再发生转移和运动，岩石试样的饱和度保持恒定，此时岩石试样内部不同区域水分均匀分布。基于此，利用特定过饱和溶液在密闭容器内建立一个恒湿环境(即产生恒定水蒸气压)，将岩石试样放置其中，岩石试样将达到相对应的饱和度状态。常用的过饱和溶液包括氯化钠溶液、磷酸二氢钠溶液、磷酸镁溶液和硝酸镁溶液，对应的湿度分别为 75%、98%、52%和 33%。通常利用该方法制备饱和度小于 40%的非饱和岩石试样。另外，渗析技术是一种用于非饱和土试验中控制基质吸力的技术。在非饱和土试验中，试样与溶液由半透膜隔离开，以浓度差(化学位)为动力，使小分子量的分子或离子通过半透膜，控制非饱和土试样内部的吸力值大小。这里将渗析技术扩展应用于岩石试样，溶液选择有机溶液聚乙二醇溶液。聚乙二醇溶液由蒸馏水和分子量为 20 000 的聚乙二醇混合制备而成，不同浓度的聚乙二醇溶液对应不同饱和度环境。使用的生物半透膜为再生纤维素膜(RC 膜)，用于截留分子量大于 7 000 的溶剂分子。岩石试样与有机溶液由生物半透膜隔离开，溶液中的水分子可以透过生物半透膜，而溶液中的大分子溶质不能透过生物半透膜。当岩石试样中的基质吸力与溶液中吸力不一致(即存在吸力差)时，水分子在生物半透膜两侧的岩石试样与溶液之间移动，直至吸力达到平衡。此时岩石试样中水分子数量恒定，其饱和度恒定，试样内部水分分布也均匀。通常利用该方法制备饱和度高于 40%的非饱和岩石试样。

本节研制的恒湿环境下不同饱和度岩石试样制备装置包括密封缸、恒湿控制组件、单轴压缩(或蠕变)试验机。制备饱和度高于 40%的岩石试样时，该装置的设计原理如图 4-1(a)所示。密封缸包括可拆卸连接的缸体和缸盖，缸体侧面设有悬臂式恒速电动搅拌机，搅拌机包括支架、工作头、电机和搅拌浆，电机驱动不锈钢搅拌桨转动。缸体底面设有下柱塞，用于连接单轴蠕变试验机下部固定块和放置岩石试样。缸盖的中心部位有一个直径为 80 mm 的通孔，单轴压缩(或蠕变)试验机中直径为 79 mm 的上固定块穿过该通孔，缸盖上的孔套有 O 形橡胶圈，上固定块与缸盖之间可以密封滑动。恒湿控制组件包括溶液、生物半透膜、约束环、湿度计和温度计。溶液放置在缸体内并浸没岩石试样，液面高于岩石试样上端面 5 mm。生物半透膜的内径大小与岩石试样的外径大小和上柱塞及下柱塞直径大小相适应。生物半透膜完全包裹岩石试样侧表面，并分别包裹下柱塞从上端面往下 20 mm 的侧表面和上柱塞从下端面往上 10 mm 的侧表面。约束环使生物半透膜和缸体底部下柱塞紧密接触，防止液体自下柱塞与岩石试样之间的间隙流入，进而保证水从生物半透膜渗透至岩石试样。湿度计和温度计设于缸盖，并与缸体连通，分别用于检测密封缸内的湿度和温度。单轴压缩(或蠕变)试验机包括压力伺服控制与应力位移记录系统，用于控制施加载荷和记录岩石试样轴向位移。试验操作流程包括：将缸体放置于单轴压缩(或蠕变)试验机的下固定块，缸体底面下柱塞与下固定块接触；将与下柱塞相同直径的圆柱体岩石试样放置在上柱塞与下柱塞之间，将生物半透膜包裹在圆柱体岩石试样、上柱塞和下柱塞侧面，并利用约束环将生物半透膜与下柱塞接触的部位锁紧密封，防止溶液流入；在缸体内的空间注入聚乙二醇溶液，溶液液面高于圆柱体岩石试样上端面 5 mm；利用搅拌机匀速搅拌缸体内的溶液，防止溶液发生沉淀；等待圆柱体岩石试样内饱和度达到预定值后，通过单轴压缩(或蠕变)试验机的压头对上柱塞施加恒定压力，直至岩石试样破碎。根据试验机的压力试验结果以及岩石试样的应变变形数据，分析非饱和岩石试样的压缩(或蠕变)变形特性。

制备饱和度低于 40%的岩石试样时，恒湿控制组件包括溶液、湿度计和温度计。在缸体内注入溶液，溶液液面高度低于下柱塞的高度，该溶液为不同的过饱和溶液。湿度计和温度计设于缸盖，并与缸体连通，分别用于检测所述密封缸内湿度和温度。试验操作流程包括：将缸体放置于单轴压缩(或蠕变)试验机的下固定块，缸体底面下柱塞与下固定块接触；将与下柱塞相同直径的圆柱体岩石试样放置在上柱塞与下柱塞之间；在缸体内的空间注入过饱和溶液，溶液液面高度为 45 mm；利用搅拌机匀速搅拌缸体内的溶液，防止溶液发生沉淀；等待圆柱体岩石试样饱和度达到预定值后，通过单轴压缩(或蠕变)试验机的压头对上柱塞施加恒定压力，直至岩石试样破碎。根据试验机的压力实验结果以及岩石试样的应变变形数据，分析不同饱和度圆柱体岩石试样的压缩（或蠕变）变形特性。将研制的恒湿环境下不同饱和度岩石装置与其他试验设备结合可以开展不同饱和度砂岩的力学试验研究，装置实物如图 4-1(b)所示。

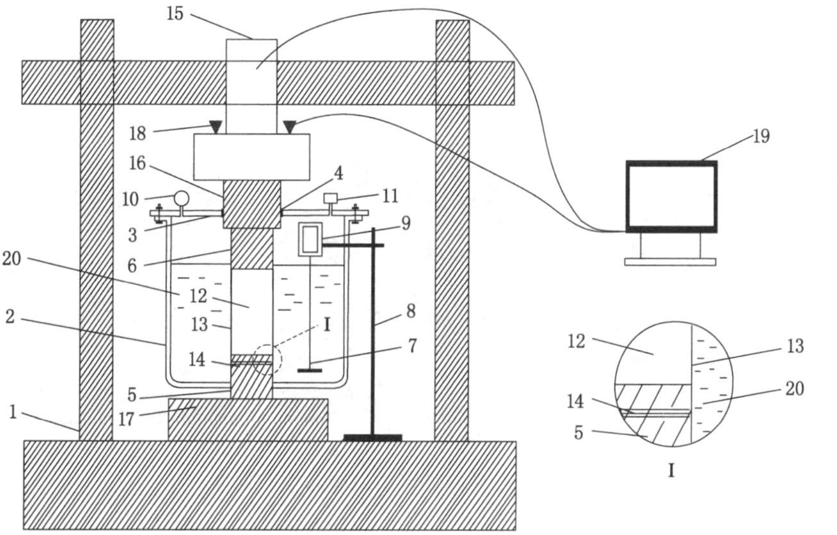

(a) 装置设计原理图

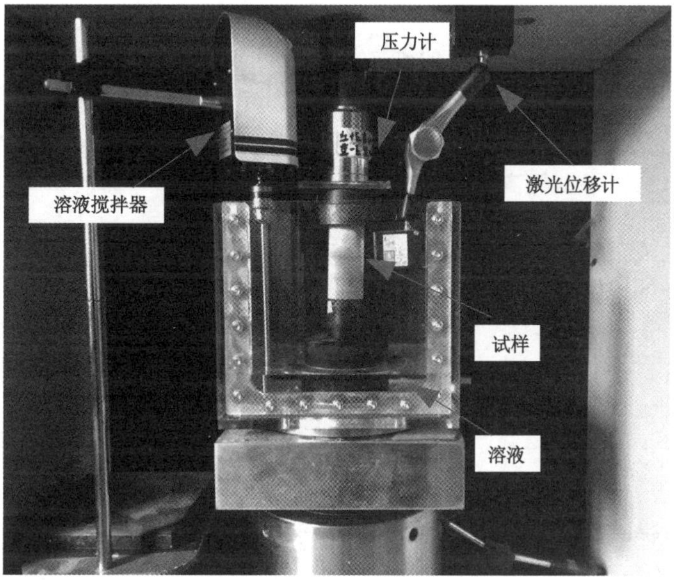

(b) 装置实物图

1—单轴蠕变试验机；2—缸体；3—缸盖；4—O 形橡胶密封圈；5—下柱塞；6—上柱塞；7—不锈钢搅拌桨；8—支架；9—工作头；10—温度计；11—湿度计；12—圆柱体岩石岩样；13—生物半透膜；14—约束环；15—压头；16—上固定块；17—下固定块；18—位移传感器；19—压力伺服控制与应力位移记录系统；20—溶液。

图 4-1　恒湿环境下不同饱和度岩石试样制备装置

利用该装置制备非饱和砂岩试样。首先制备一定浓度的聚乙二醇溶液。将试样上下端表面涂一层憎水剂形成防水层，用生物半透膜包裹试样侧表面。然后将处理好的砂岩试样放入该溶液，生物半透膜两侧分别与溶液和砂岩试样侧表面接触，砂岩试样与溶液之间发生水分交换。不同试验时间(1 d、2 d 和 4 d)后，将试样取出并立即放入核磁共振成像系统中获得试样水分分布的核磁共振图像，如图 4-2 所示。从图 4-2 中可以看出，水分子通过圆柱体试样侧表面进入试样并持续向试样中心轴运移，不同试验时间的试样中水分分布都近似均匀，说明该装置可以制备水分均匀分布的砂岩试样。

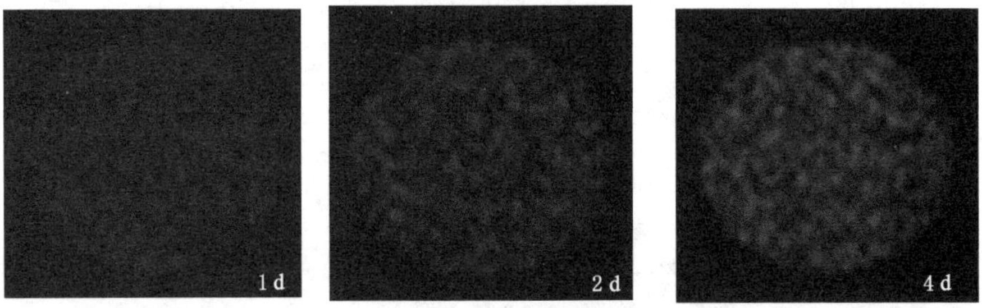

图 4-2　砂岩试样的核磁共振图像

4.2　不同饱和度砂岩常应变率压缩试验

选择无明显裂纹和节理、均质性良好的砂岩石板，沿同一个方向钻孔取芯，然后打磨和加工，制备两端端面不平整度小于 0.05 mm、尺度为 50 mm×100 mm(直径×高)的砂岩标准尺寸试样。部分用于试验的砂岩试样的基本物理性质如表 4-1 所示，各砂岩试样的质量和纵波波速相差不大，减小了试样离散性对试验结果的影响。

表 4-1　部分砂岩试件的基本物理性质

试样编号	尺寸/mm		试样质量/g	纵波速度/(m/s)
	高度	直径		
sz-01	100.05	49.92	414.9	2 410
sz-02	99.44	49.79	416.3	2 312
sz-03	100.29	49.78	414.8	2 144
sz-04	98.82	49.49	415.2	2 439
sz-05	99.21	50.36	415.4	2 364
sz-06	100.48	49.75	415.8	2 463
sz-07	100.09	50.03	416.1	2 326
sz-08	100.14	49.61	415.8	2 418
sz-09	99.57	49.67	414.4	2 427
sz-10	100.78	49.73	416.1	2 439
sz-11	98.89	50.05	415.6	2 418

表 4-1(续)

试样编号	尺寸/mm		试样质量/g	纵波速度/(m/s)
	高度	直径		
sz-12	100.24	49.82	415.9	2 442
sz-13	99.65	49.57	416.4	2 503
sz-14	99.88	50.11	416.6	2 494
sz-15	100.22	49.92	415.4	2 345
sz-16	100.48	49.93	416.3	2 372
sz-17	101.02	50.08	416.3	2 320
sz-18	99.44	49.68	415.5	2 567

4.2.1　不同饱和度砂岩压缩变形特性

利用恒湿环境下的不同饱和度岩石试样制备装置制备饱和度分别为 13.1%、24.3%、45.2%和 100.0%的砂岩试样，对不同饱和度的砂岩试样开展单轴常应变率压缩试验。每种试样进行三次重复试验，以减少试样的离散性对试验结果的影响。单轴压缩作用下不同饱和度砂岩试样的应力-应变曲线如图 4-3 所示。由图 4-3 可以看出，随着饱和度增大，砂岩试样的压密阶段区间延长而弹性阶段区间缩短，其单轴抗压强度（峰值应力）和弹性模量均减小。随着饱和度从 13.1%增加到 100%，单轴抗压强度从 52.5 MPa 减小到 38.3 MPa，弹性模量从 12 GPa 降低到 9.5 GPa。该试验结果与很多学者的试验研究结果一致：饱和度降低了砂岩的单轴抗压强度和弹性模量。

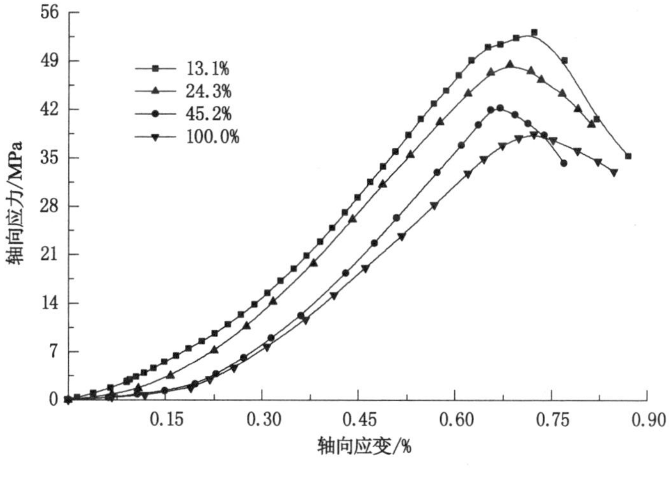

图 4-3　单轴压缩作用下不同饱和度砂岩试样的应力-应变曲线

对饱和度为 13.1%的砂岩试样开展三轴常应变率压缩试验，试验中分别将围压设置为 0、5 MPa、10 MPa、20 MPa、30 MPa 和 40 MPa。每个围压下进行三次重复试验，以减少试样的离散性对试验结果的影响。试验前，先将砂岩试样用聚烯烃热缩管包裹，然后将其与环向电子应变测量仪一起放入三轴腔，每个横向和纵向变形的测量值均为 4 个测点的平均值,试样形变采集精度可达到微米级。轴向应力采用位移静态加载方式加载,加载速率为0.002 mm/s,侧向围压由电液伺服方式控制,加载速率为0.1 MPa/s。单轴和三轴常应变率压缩试验结果如表4-2所示。由于岩石试样固有的非均匀性以及加工精度误差影响,不同围压条件下三次试样的抗压强度值在数值上呈一定的离散性,本书选取每组中离散度最小的试样sz-08、sz-02、sz-05、sz-10、sz-14和sz-17的应力-应变曲线作为分析对象。

表4-2 不同围压作用下常应变率压缩试验结果

围压值/MPa	试样编号	抗压强度/MPa	强度均值/MPa	离散度
0	sz-04	57.3	53.5	7.1%
	sz-08	52.5		1.9%
	sz-12	50.6		5.4%
5	sz-01	90.9	97.1	6.4%
	sz-02	98.3		1.2%
	sz-03	102.2		5.3%
10	sz-05	115.4	118.1	2.3%
	sz-06	114.1		3.4%
	sz-07	124.9		5.8%
20	sz-09	165.9	160.7	3.2%
	sz-10	160.2		0.3%
	sz-11	156.1		2.9%
30	sz-13	170.8	181.1	5.7%
	sz-14	182.1		0.6%
	sz-15	190.5		5.2%
40	sz-17	212.0	214.6	1.2%
	sz-18	227.6		6.1%
	sz-16	204.3		4.8%

图4-4所示为单轴压缩和三轴常应变率压缩试验不同围压下砂岩试样的应力-应变曲线。由图4-4(a)可知,试样的单轴抗压强度为52.5 MPa,弹性模量为12 GPa。试样的应力-应变曲线总体可以分为典型的4个阶段。① 压密阶段:试样在外力作用下发生非线性变形,对应的轴向应力-应变曲线上凹;② 弹性阶段:试样发生弹性变形,生成少量的微裂纹,体积不断被压缩,对应的轴向应力-应变曲线近似呈直线,该直线的斜率即为弹性模量,同时,侧向应变表现为横向收缩,体积应变因砂岩试样的泊松效应而逐渐减小;③ 屈服阶段:试样开始发生塑性变形,生成大量微裂纹,体积不断增大,最终试样达到峰值强度,对应

的轴向应力-应变曲线呈现下凹，而侧向应变也显著增大，体积由压缩改为膨胀；④ 峰后阶段：试样逐渐形成宏观裂隙带，试样的承载能力逐渐降低，试样体积膨胀加剧，直至完全失去承载能力。由图 4-4(b)可知，试样的峰值强度和应变都随围压的增大而显著增大，试样的塑性变形也随围压的增大而增大，且脆性变形逐步转变为延性。本试验结果与类似试验的结论一致[211-212]。试验结果得到 $\sigma-\tau$ 坐标系中莫尔-库仑强度准则为：

$$\tau = \sigma \tan 32° + 23.5 \tag{4-1}$$

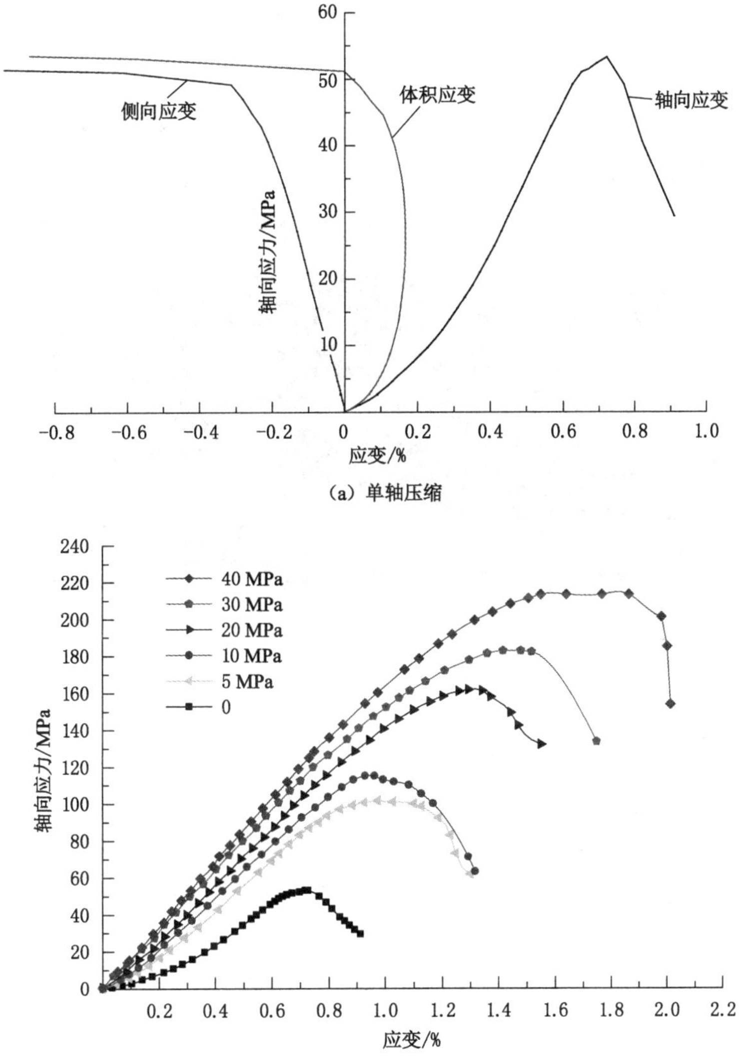

(a) 单轴压缩

(b) 三轴压缩

图 4-4　砂岩试样应力-应变曲线

4.2.2　砂岩单轴压缩蠕变试验

本节对饱和度为 13.1%的砂岩试样开展单轴压缩蠕变试验，试验设备由轴向恒载加压系统、恒湿环境试验台和数据采集系统三部分组成，如图 4-5 所示。根据 4.2.1 节中不同饱和度砂岩常应变率压缩试验结果，设置蠕变试验中轴向应力水平分别为 36.61 MPa、41.84 MPa、44.46 MPa、47.07 MPa 和 49.69 MPa。然后以 5 MPa/min 的加载速率向试样施加应力至预先设定的应力水平值并保持恒定，直至试样发生破坏。获得不同轴向应力水平(41.84 MPa、44.46 MPa、47.07 MPa 和 49.69 MPa)下砂岩试样单轴压缩蠕变曲线，如图 4-6 所示。由图 4-6 可以看出，当应力水平为 49.69 MPa 时，试样持续了约 4.4 h (1.584×10^4 s)后发生破坏；当应力水平从49.69 MPa 减小到 44.46 MPa 时，试样发生破坏的时间从 4.4 h 延长到 27 h(9.72×10^4 s)。试验过程中，当应力水平为 36.61 MPa 时，试样持续了 100 h 仍没有发生破坏。

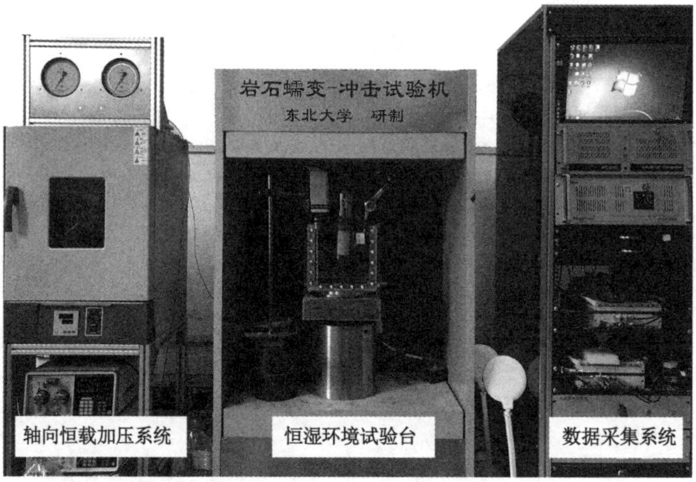

图 4-5　岩石蠕变-冲击试验机

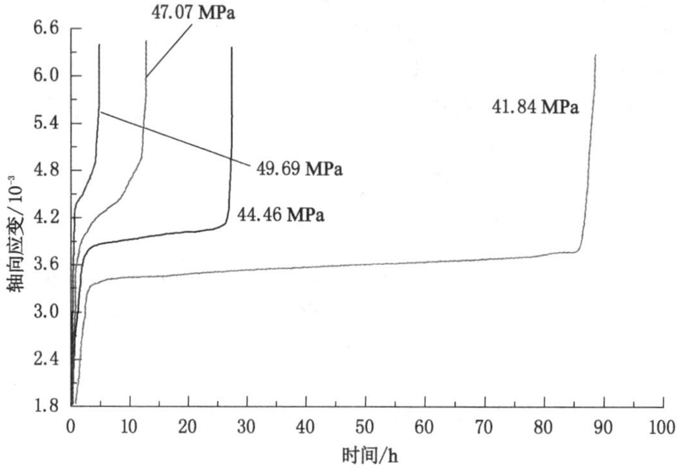

图 4-6　饱和度为 13.1%的砂岩试样在不同轴向应力水平下的单轴压缩蠕变曲线

4.3　不同饱和度砂岩压缩变形破裂特征

4.3.1　模型细观参数敏感性分析

非均质含水砂岩细观时效变形模型能够模拟不同饱和度砂岩的三轴压缩损伤变形特征，在模拟分析前需要确定该模型中的非饱和细观参数，本节先对该模型中的非饱和细观参数 α 和 β 进行敏感性分析。在进行细观参数敏感性分析的过程中，设计了 12 组单轴压缩模拟试验，每次模拟中砂岩试样的饱和度都为 13.1%，具体非饱和细观参数设置如表 4-3 所示。

表 4-3　非均质含水砂岩细观时效变形模型非饱和细观参数敏感性分析

<table>
<tr><th>工况</th><th>α</th><th>β</th></tr>
<tr><td>1</td><td>0.5</td><td rowspan="6">1.51</td></tr>
<tr><td>2</td><td>1</td></tr>
<tr><td>3</td><td>5</td></tr>
<tr><td>4</td><td>10</td></tr>
<tr><td>5</td><td>20</td></tr>
<tr><td>6</td><td>40</td></tr>
<tr><td>7</td><td rowspan="6">5</td><td>1.34</td></tr>
<tr><td>8</td><td>1.40</td></tr>
<tr><td>9</td><td>1.50</td></tr>
<tr><td>10</td><td>1.52</td></tr>
<tr><td>11</td><td>1.55</td></tr>
<tr><td>12</td><td>1.60</td></tr>
</table>

图 4-7 所示为模拟得到的非饱和细观参数 α 和 β 与试样单轴抗压强度的关系。从图 4-7 中可以看出，α 与试样的单轴抗压强度近似呈线性关系，试样单轴抗压强度随着 α 值的增大而增大；β 与试样的单轴抗压强度呈负相关，试样的单轴抗压强度随着 β 值的增大而减小，且随着 β 值的增大，试样的单轴抗压强度减小幅度趋缓。

根据非均质含水砂岩细观时效变形模型中非饱和细观参数敏感性分析结果和不同饱和度砂岩常应变率压缩试验结果，标定得到非均质含水砂岩细观时效变形模型中非饱和细观参数 α 和 β 分别为 5 和 1.51。不同饱和度条件下砂岩试样单轴压缩模拟结果如图 4-8 所示。

图 4-8 中模拟得到的不同饱和度砂岩应力-应变曲线，其不包含室内试验求得的应力-应变曲线中的初始非线性阶段，但是数值模拟准确地再现了砂岩试样在初始阶段之后的力学

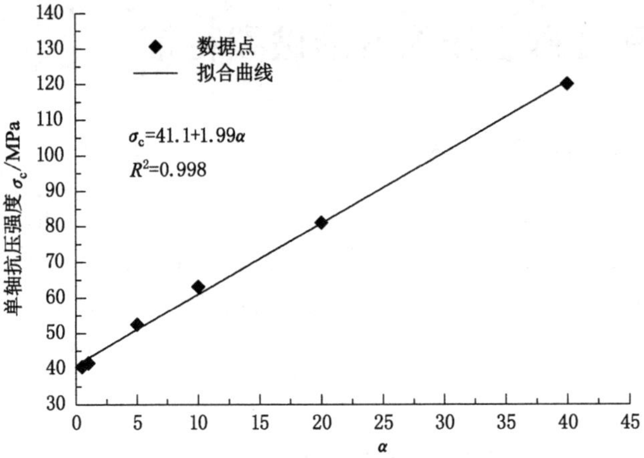

(a) α与试样单轴抗压强度的关系

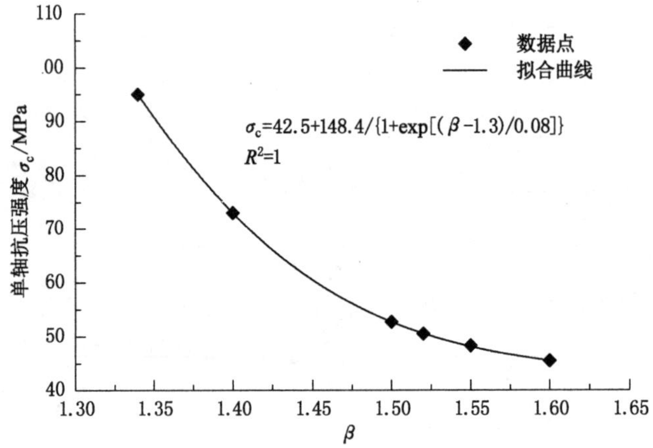

(b) β与试样单轴抗压强度的关系

图 4-7 非饱和细观参数 α 和 β 与试样单轴抗压强度的关系

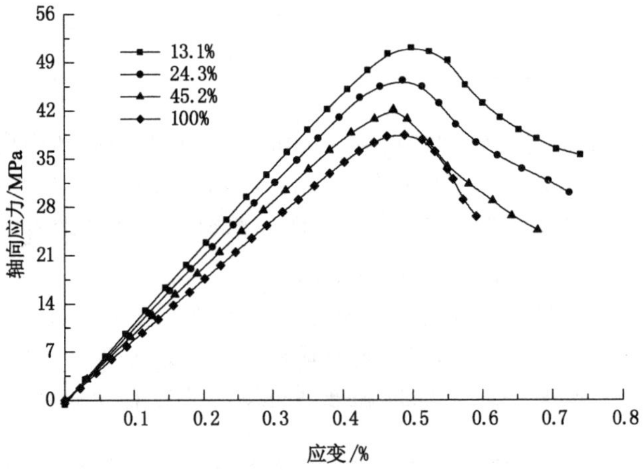

图 4-8 不同饱和度砂岩试样的应力-应变曲线

行为和强度。从图 4-8 中可以看出，随着饱和度的增大，试样的峰值强度和峰值应变均有所减小。当砂岩试样的饱和度从 13.1%增加到 100%(完全饱和状态)时，其峰值强度从 52.3 MPa 减小到 38.3 MPa，减小了大约 26.77%。峰后阶段，随饱和度增大，试样的峰后应力跌落速度变缓，试样脆性减小。总体而言，本模型模拟得到的不同饱和度条件下的单轴抗压强度与室内试验结果差别不大(表 4-4)，这说明本模型能够模拟不同饱和度砂岩的基本力学性质。

表 4-4　不同饱和度砂岩单轴抗压强度的试验结果与模拟结果对比

饱和度	试验值/MPa	模拟值/MPa	误差
13.1%	52.5	52.3	0.4%
24.3%	47.2	48.5	2.8%
45.2%	42.7	42.2	1.2%
100%	38.3	38.3	0

4.3.2　单轴压缩作用下砂岩微裂纹演化规律

饱和度为 13.1%的砂岩试样在单轴压缩条件下的模拟结果如图 4-9 所示。在室内试验加载初期试样的应力-应变曲线出现下凹(即压密阶段)[图 4-9(a)]，本书采用向左平移试验曲线的方式消去曲线的初始压密阶段[213-214]，考虑以弹性阶段斜率计算求得弹性模量。从图 4-9(a)中可以看出，数值模拟得到的峰值应力和弹性模量与室内试验结果一致(分别为 52.3 MPa 和 12 GPa)。

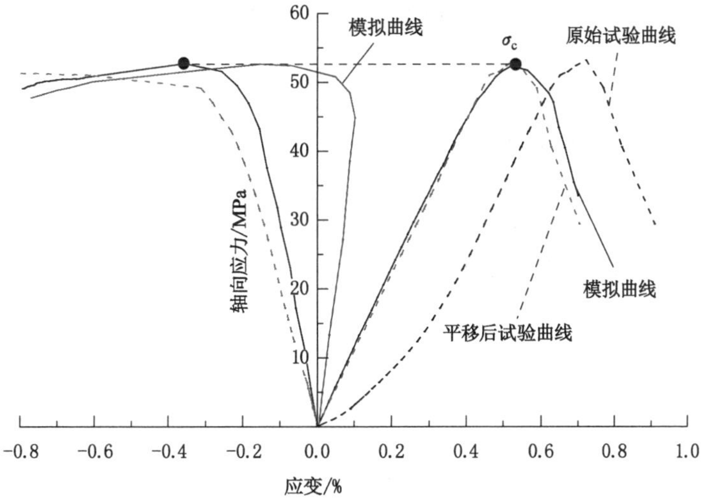

(a) 模拟曲线与试验曲线

图 4-9　饱和度为 13.1%的砂岩试样在单轴压缩条件下的模拟结果

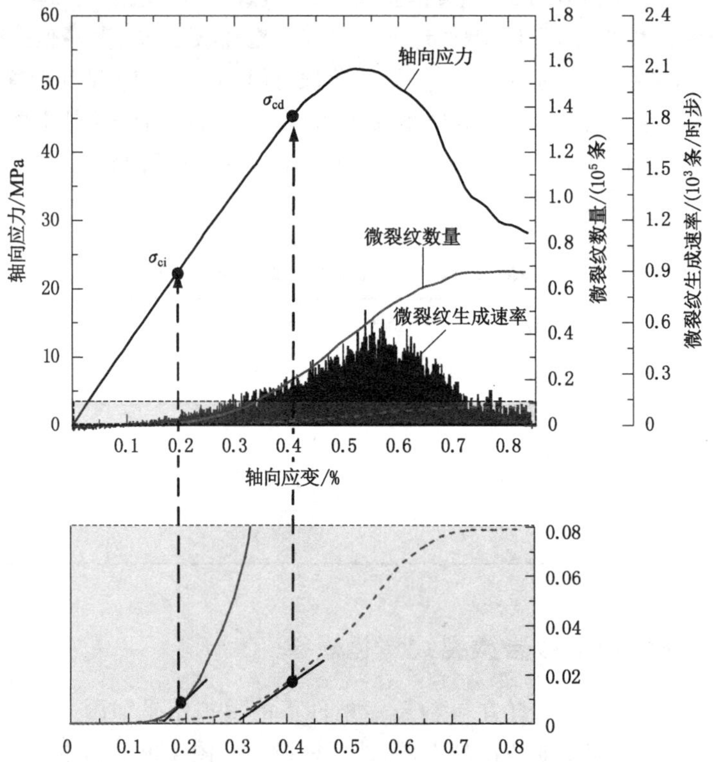

(b) 轴向应变与微裂纹的关系

图 4-9(续)

图 4-9(b)所示为拉伸和剪切微裂纹数量、微裂纹生成率与轴向应变的关系曲线。模拟结果表明,加载开始后,试样的轴向应变呈线性增大,并有少量微裂纹萌生;而试样的侧向应变呈线性减小(即侧向变形增大),体积应变呈线性变化(即试样体积减小),试件在加载初期的损伤变量可以忽略不计。当轴向应力达到 20.9 MPa 时,观察到微裂纹生成数量明显增多,此时以拉伸微裂纹为主,微裂纹生成速率(即每时步微裂纹的生成数量)也从这时开始被监测到,此时的应力被称为起裂应力(σ_{ci});随着试样继续压缩,试样中的拉伸微裂纹快速增多,微裂纹生成速率也逐渐加快,岩石的体积应变呈线性变化(体积减小);当轴向应力达到 43.9 MPa 时,拉伸微裂纹的生成速率进一步增大,剪切裂纹也开始生成,模型开始出现非线性应变,模型的体积应变出现转折点,试样体积逐渐增大,发生扩容,此时的应力被称为损伤扩容应力(σ_{cd});当轴向应力值增大到 52.3 MPa 时,达到试样的峰值强度(σ_c),此时试样中没有出现宏观破裂带,微裂纹生成速率最快;峰值应力之后,试样开始出现应变软化,应力随应变的增大而减小,微裂纹生成速率减缓,试样最终形成宏观破裂区。

图 4-10 所示为饱和度为 13.1%的试样在单轴压缩条件下变形破裂过程中内部生成微裂纹的方向与轴向应变的关系。由图 4-10 可以看出,轴向位移时步施加于试样后,试样内部逐渐生成微裂纹,初期生成微裂纹的方向主要为平行最大主应力的方向(90°),随着轴向

应变的增大，生成裂纹的方向以 90°为中心逐渐向两边扩展，当达到屈服应力之后，生成了更多的近似垂直最大主应力方向的裂纹。

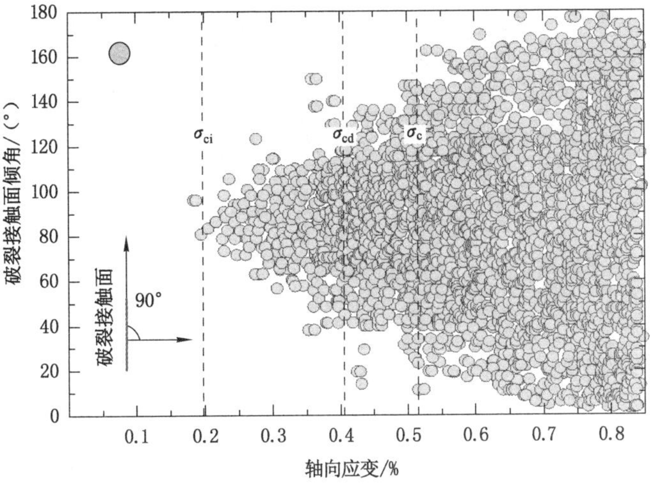

图 4-10　单轴压缩作用下砂岩内部生成微裂纹的方向与轴向应变的关系

4.3.3　不同饱和度砂岩的应力-应变曲线

图 4-11 为模拟得到的不同饱和度条件下砂岩试样轴向应力-应变曲线。从图 4-11 中可以看出，起裂应力(σ_{ci})、损伤扩容应力(σ_{cd})和峰值应力(σ_c)等特征应力值都随着饱和度的增大而减小，如饱和度为 45.2%的试样的起裂应力、损伤扩容应力和峰值应力分别是饱和度为 13.1%的试样的 75.6%、79.7%和 80.7%；起裂应力与峰值应力的比值(σ_{ci}/σ_c)和损伤扩容应力与峰值应力的比值(σ_{cd}/σ_c)都随饱和度的增大而减小，如饱和度为 100%的试样的 σ_{ci}/σ_c 和 σ_{cd}/σ_c 分别为 30.4%和 84.2%，而饱和度为 45.2%的试样的 σ_{ci}/σ_c 和 σ_{cd}/σ_c 分别为 33.2%和 85.8%。

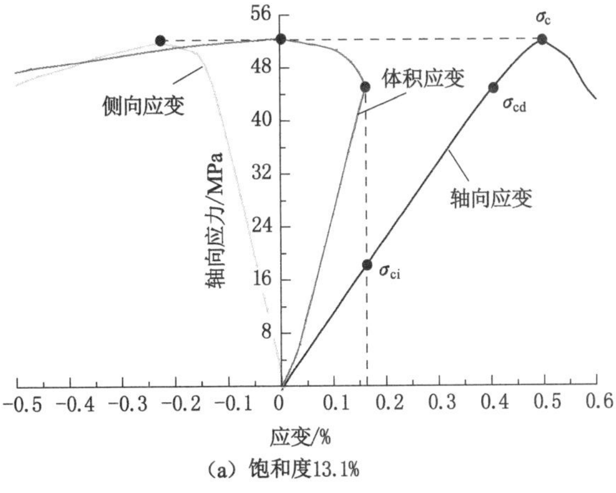

(a) 饱和度13.1%

图 4-11　不同饱和度条件下砂岩试样轴向应力-应变模拟曲线

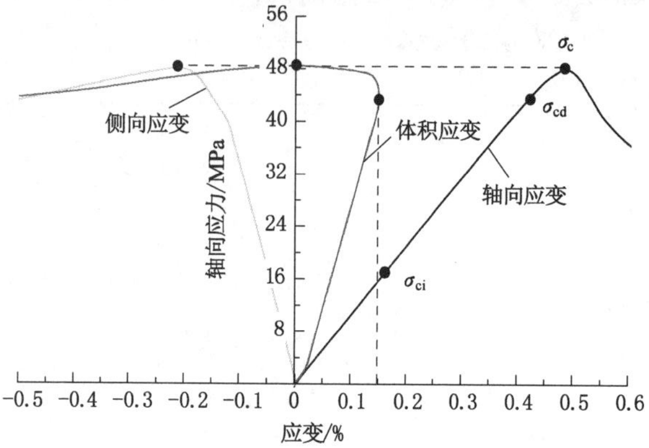

(b) 饱和度24.3%

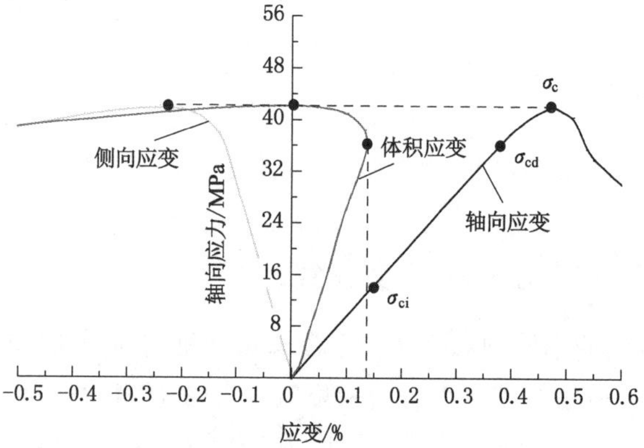

(c) 饱和度45.2%

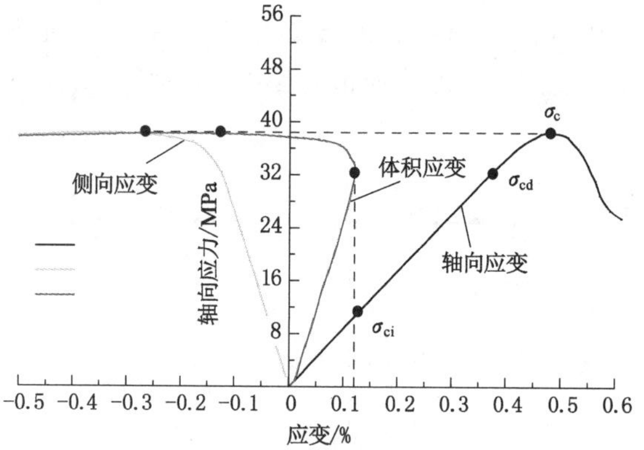

(d) 饱和度100%

图 4-11(续)

从图 4-11 中还可以看出,在单轴压缩模拟过程中,轴向应力较小时,试样的体积应变呈线性增大(试样体积减小)的趋势,饱和度对试样体积应变曲线的形状没有明显影响。轴向应力较高时,不同饱和度试样的体积应变曲线出现差异,砂岩试样体积由减小转为增大的拐点(扩容点)应力占峰值应力的百分比随饱和度的增大而减小,如图 4-11 中的竖直虚线所示，当饱和度由45.2%增大到100%时，扩容点应力占峰值应力的百分比由85.8%减小到84.2%。这说明饱和度的增加减小了试样内部微裂纹之间的摩擦力，微裂纹更容易产生移动，最终导致试样产生破坏，体积应变急剧增加。

4.3.4　饱和度对砂岩微裂纹生成速率的影响

不同饱和度的砂岩试样微裂纹生成速率与轴向应变的关系如图4-12所示。从图4-12中可以看出，单轴压缩作用下，不同饱和度试样的应力-应变曲线的形状相似，在达到屈服应力前，应力-应变曲线近似为直线，微裂纹生成速率较低且增长幅度较缓；进入屈服阶段后，微裂纹生成速率大幅度提升，有明显的上升台阶，微裂纹生成速率的快速增大被看作试样开始破裂的前兆；达到峰值应力时，微裂纹生成速率达到最大值，如饱和度分别为13.1%和45.2%时试样内部微裂纹生成速率达到的最大值分别为1.01×10^3条/时步和1.03×10^3条/时步，试样内部生成大量的微裂纹，微裂纹贯通并继续发展导致试样发生宏观破裂。

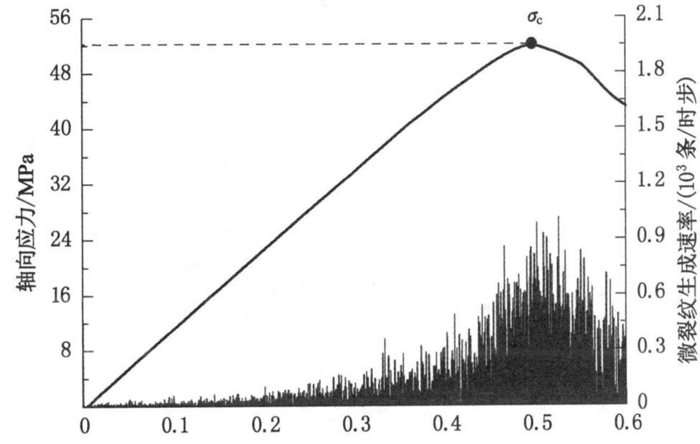

(a) 饱和度13.1%

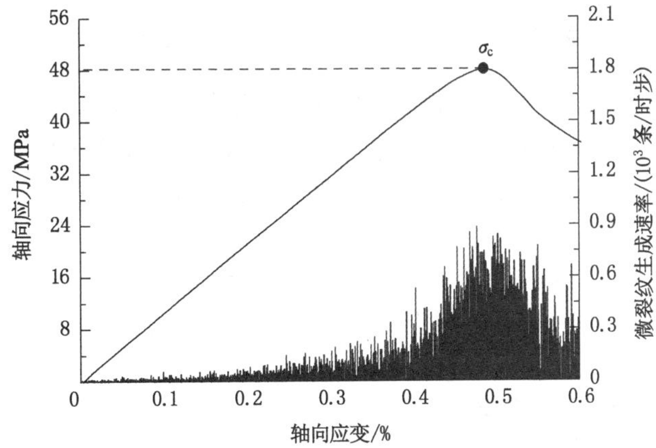

(b) 饱和度24.3%

图4-12　不同饱和度的砂岩试样微裂纹生成速率与轴向应变的关系

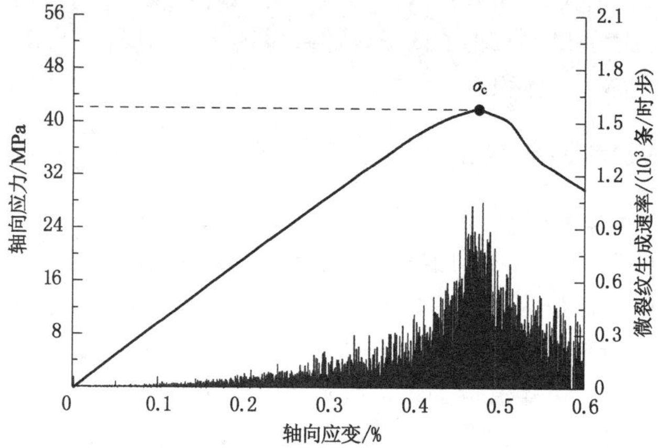

(c) 饱和度45.2%

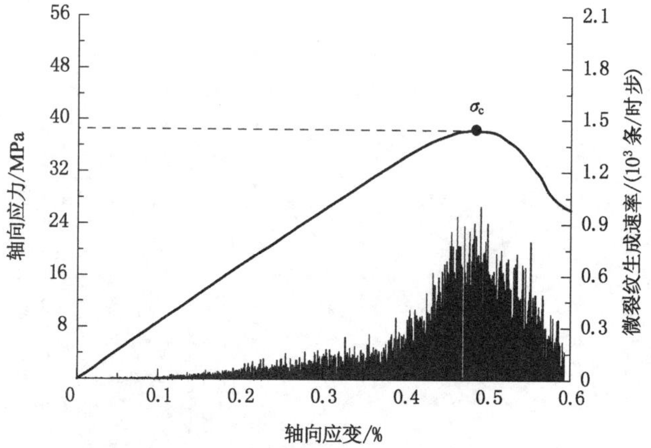

(d) 饱和度100%

图 4-12(续)

4.3.5 围压对砂岩拉裂纹与剪裂纹的比值及损伤变量的影响

饱和度为 13.1%的砂岩试样三轴压缩数值模拟结果如图 4-13 所示(图中 ε_d 代表体积扩容点)。由图 4-13 可知,试样宏观上的变形破裂与其内部微裂纹的扩展演化密切相关。在弹性阶段,试样内部仅有少量微裂纹,但当轴向应力达到屈服应力时,微裂纹开始持续快速生成,试样发生不可逆转的塑性变形。不同围压下试样内部总微裂纹数量演化规律类似,但生成拉裂纹和剪裂纹的演化规律不同。当围压在 10 MPa 以内时,微裂纹以拉裂纹为主,且弹性阶段几乎不生成剪裂纹;当围压增加到 20 MPa 时,弹性阶段生成剪裂纹但依然以拉裂纹为主,最终拉裂纹主导了试样的破坏;当围压增加到 40 MPa 时,试样内部先生成剪裂纹,出现了剪裂纹数量大于拉裂纹数量的情况。这说明低围压时试样以张拉破坏为主,高围压时试样以剪切滑移破坏为主。这从某种程度上反映了高围压对砂岩内部孔隙裂隙的拉伸破裂发展具有一定抑制作用。这种裂纹演化规律的变化也反映了围压效应下砂岩试样由脆性转延性的特性,即以拉裂纹为主的细观演化体现了砂岩的脆性破坏特征,而剪裂纹大量发育体现了砂岩由脆性转延性的破坏特征。

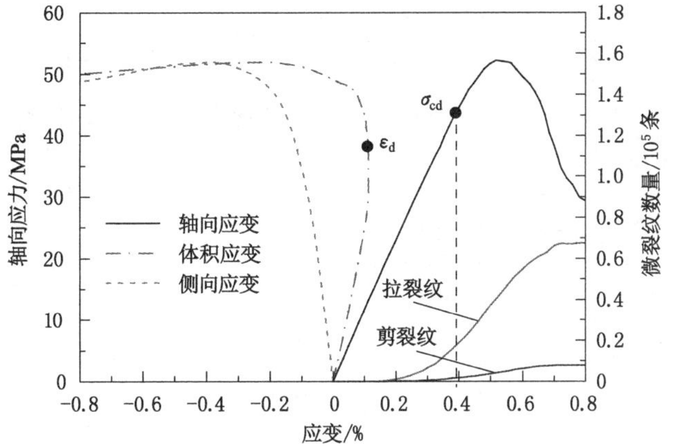

(a) 围压0 MPa

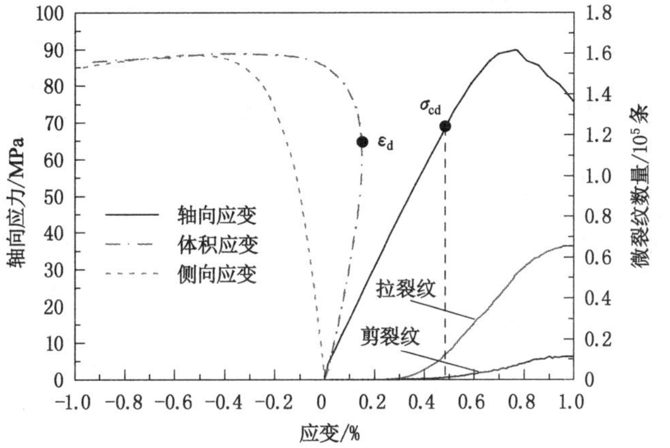

(b) 围压5 MPa

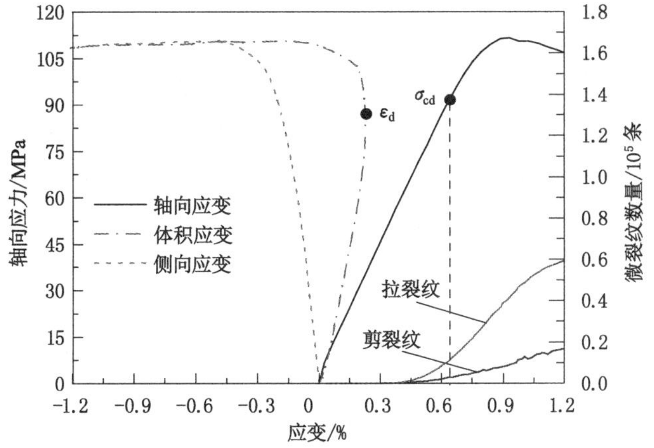

(c) 围压10 MPa

图 4-13　饱和度为 13.1％的砂岩试样三轴压缩数值模拟结果

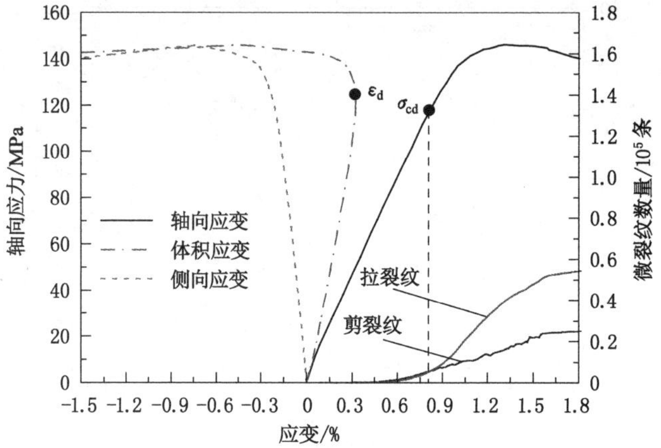

(d) 围压20 MPa

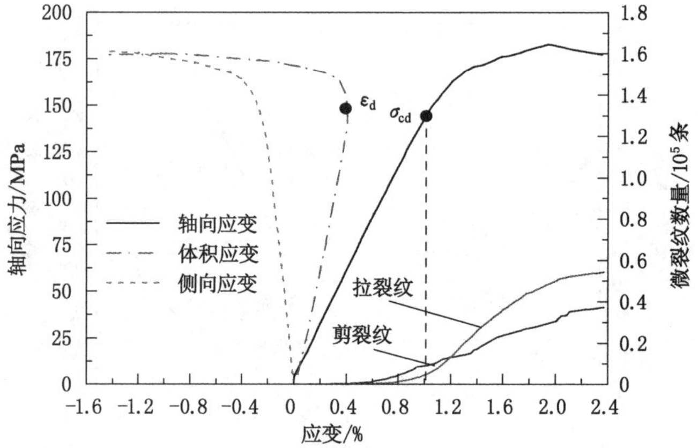

(e) 围压30 MPa

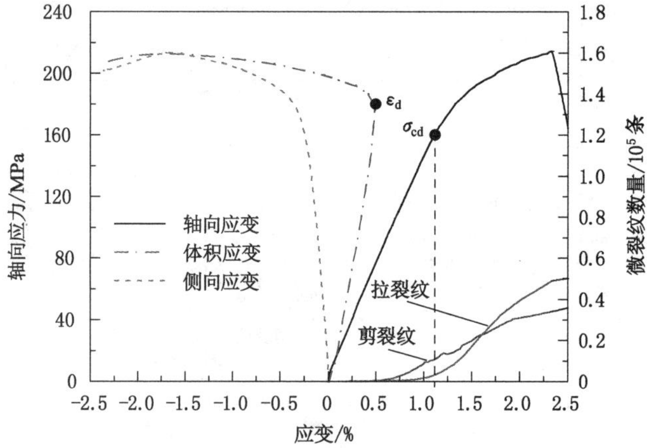

(f) 围压40 MPa

图 4-13(续)

由图 4-13 可以看出，峰值应力前试样轴向应变和侧向应变都随围压增大而增大，且试样塑性变形也随围压增大而不断增大，屈服阶段逐渐明显。试样由脆性逐渐转化为延性，峰值后应力跌落幅度变缓，残余强度增大；随着围压增大，砂岩试样扩容点应力与强度的比值增大，例如，当围压从 5 MPa 增加到 30 MPa 时，相应的扩容点应力与强度的比值从 70％增加到 82％，这说明围压越大，扩容现象出现越滞后，围压对砂岩试样内部微裂纹的发展具有一定抑制作用。本数值模型在不同围压下的抗压强度与室内试验结果拟合较好，如表 4-5 所示，说明了本模型的有效性。

表 4-5　饱和度为 13.1％的砂岩试样抗压强度的试验结果和模拟结果对比

围压/MPa	试验值/MPa	模拟值/MPa	误差
0	52.5	52.3	0.4％
5	98.3	91.5	6.9％
10	115.4	113.9	1.3％
20	160.2	149.1	6.9％
30	182.1	182.8	0.4％
40	212.0	217.7	2.7％

图 4-14 为不同围压下试样损伤演化特性。从图 4-14 中可以看出，不同围压条件下砂岩试样的损伤变量演化规律一致，基本可以划分为 4 个阶段：初始损伤阶段（Ⅰ），该阶段有很少量的微裂纹生成，损伤几乎为零，砂岩试样处于弹性阶段前期；损伤发展阶段（Ⅱ），该阶段砂岩试样处于弹性阶段后期，其内部一些局部应力集中位置陆续发生破裂生成微裂纹，微裂纹萌生速率加快，损伤演化加快，但总体并不剧烈；损伤加速阶段（Ⅲ），几乎在屈服应力之后，砂岩试样内部微裂纹生成速率持续加快，微裂纹不断生成、发展和贯通，试样最终形成宏观破裂面；损伤回落阶段（Ⅳ），试样内微裂纹生成速率减慢，损伤趋于平缓，试样基本处于破坏后阶段。砂岩试样的整个损伤演化过程很好地反映了砂岩内部微裂纹萌生、扩展、贯通直至试样破坏的渐进演化过程，这与穆康等[215]的研究结果是一致的。另外，根据以上 6 组不同围压下砂岩三轴压缩数值模拟结果，拟合得到其莫尔-库仑强度包络线，求得砂岩试样的内聚力为 20 MPa，摩擦角为 32.55°，这与室内试验结果较为接近。

4.3.6　砂岩宏观破裂演化特征

图 4-15 所示为饱和度为 13.1％的砂岩试样渐进变形破裂的演化过程。由图 4-15 可知，砂岩试样在压缩变形过程中，其内部微裂纹不断生成并逐渐累积贯通，在试样的局部形成宏观破裂面，随着微裂纹数量继续增多，试样的宏观破裂面进一步增大，试样沿宏观剪切破裂带发生破裂，破裂带附近伴随着若干次生的、较小的微裂纹。数值模拟试样的宏观破坏形态与室内试验试样的宏观破坏形态基本一致。

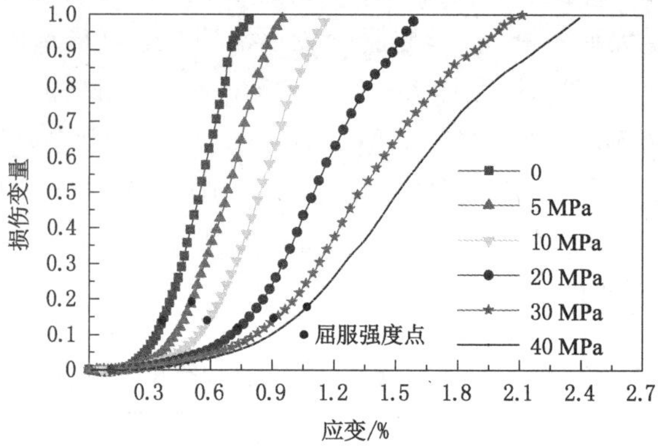

(a)

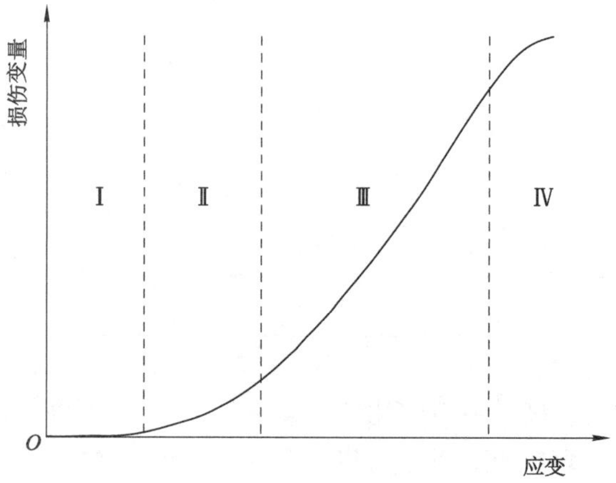

(b)

图 4-14　不同围压下试样损伤演化特性

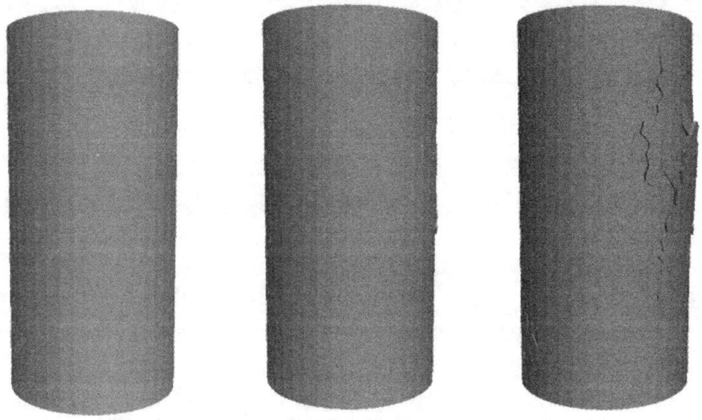

(1)　　(2)　　(3)

图 4-15　饱和度为 13.1%的砂岩试样渐进变形破裂的演化过程

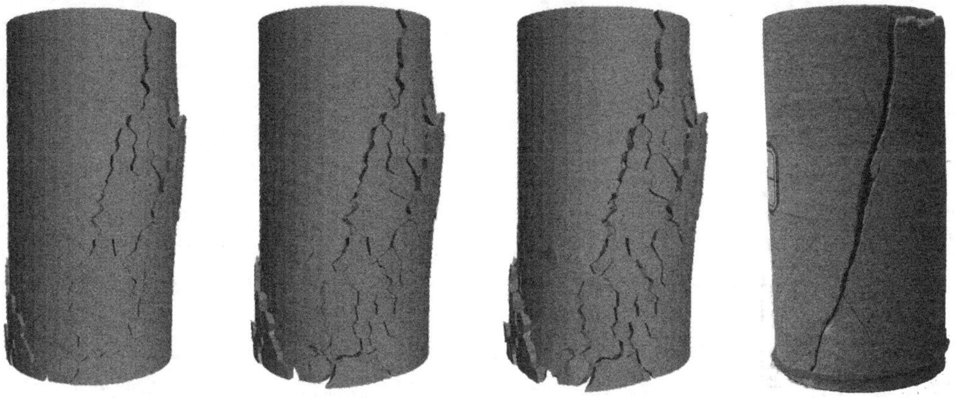

(4)　　(5)　　(6)　　(7)

图 4-15(续)

4.4　饱和度对砂岩时效变形特征的影响

4.4.1　模型细观参数敏感性分析

非均质含水砂岩细观时效变形模型能够模拟不同饱和度砂岩在时效变形过程中的细观损伤变形特征，从细观角度揭示其时效变形机理。在模拟分析前，需要确定模型中的腐蚀弱化细观参数(β_1、β_2 和 β_3)。为此，本节对这些参数进行了敏感性分析。在分析过程中，设计了 18 组单轴压缩蠕变模拟，每组模拟中砂岩试样的饱和度均为 24.3%，并施加了 40.6 MPa 的恒定载荷。具体腐蚀弱化细观参数设置如表 4-6 所示。

表 4-6　腐蚀弱化细观参数设置

<table>
<tr><th>编号</th><th>β_1</th><th>β_2</th><th>β_3</th></tr>
<tr><td>1</td><td>1.45×10^{-2}</td><td rowspan="6">1.51×10^{-7}</td><td rowspan="6">4.66×10^{-7}</td></tr>
<tr><td>2</td><td>2.9×10^{-3}</td></tr>
<tr><td>3</td><td>2.9×10^{-4}</td></tr>
<tr><td>4</td><td>2.9×10^{-5}</td></tr>
<tr><td>5</td><td>5.8×10^{-6}</td></tr>
<tr><td>6</td><td>1.2×10^{-6}</td></tr>
<tr><td>7</td><td rowspan="6">2.9×10^{-4}</td><td>1.33×10^{-7}</td><td rowspan="6">4.66×10^{-7}</td></tr>
<tr><td>8</td><td>1.41×10^{-7}</td></tr>
<tr><td>9</td><td>1.51×10^{-7}</td></tr>
<tr><td>10</td><td>1.56×10^{-7}</td></tr>
<tr><td>11</td><td>1.61×10^{-7}</td></tr>
<tr><td>12</td><td>1.75×10^{-7}</td></tr>
</table>

表 4-6(续)

编号	β_1	β_2	β_3
13	2.9×10^{-4}	1.51×10^{-7}	4.66×10^{-5}
14			1.16×10^{-5}
15			4.66×10^{-6}
16			4.66×10^{-7}
17			4.66×10^{-8}
18			1.86×10^{-8}

图 4-16 所示为 18 组单轴压缩蠕变模拟结果。从图 4-16 中可以看出，细观参数 β_1 的对数与试样破坏时间(t_f)的对数近似呈线性关系，试样的破坏时间随着 β_1 的增大而缩短。细观参数 β_2 与试样破坏时间呈负相关关系，随着 β_2 的增大，试样的破坏时间加速缩短。当 β_2 小于某个值时，试样将长期处于稳定蠕变阶段，不会发生蠕变破坏；当 β_2 大于某个值时，试样将瞬间发生破坏。细观参数 β_3 的对数与试样破坏时间的对数呈指数函数的关系，试样破坏时间的对数随着 β_3 的增大而急速增大。当 β_3 大于某个值时，试样将长期处于稳定蠕变阶段，不会发生蠕变破坏，而当 β_3 的取值趋于 0 时，蠕变破坏时间为一常数。

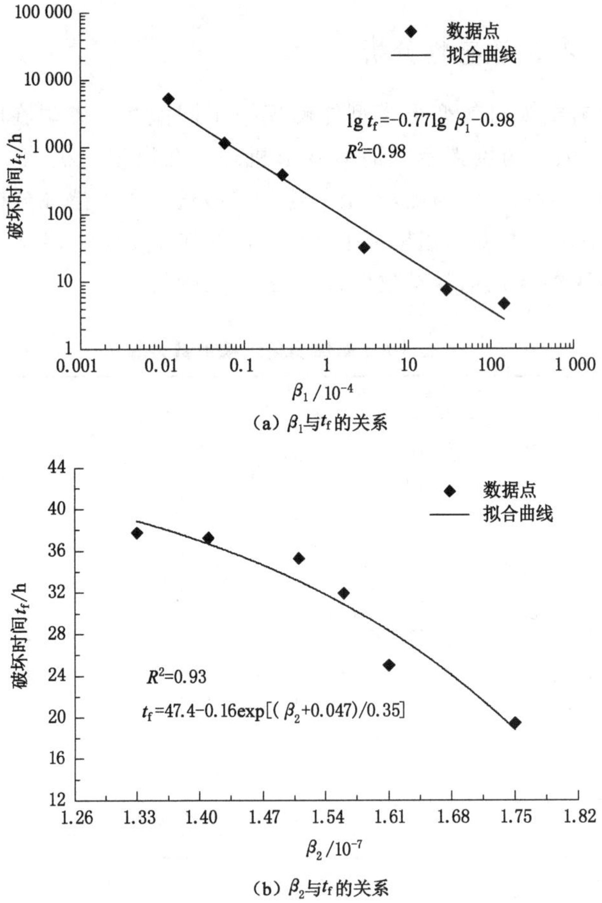

(a) β_1与t_f的关系

(b) β_2与t_f的关系

图 4-16　18 组单轴压缩蠕变模拟结果

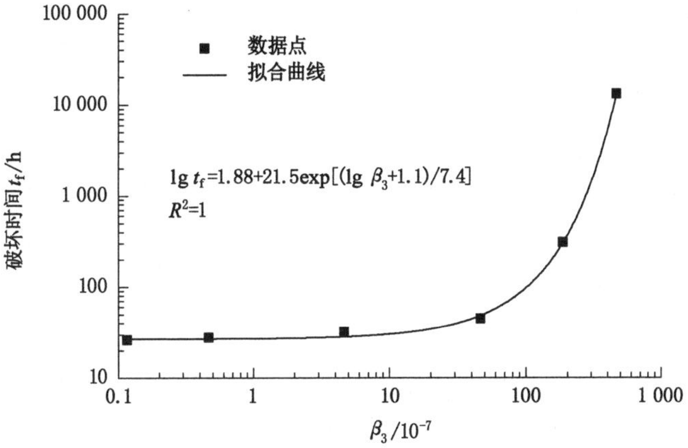

(c) β_3与t_f的关系

图 4-16(续)

根据非均质含水砂岩细观时效变形模型中腐蚀弱化细观参数敏感性分析结果和砂岩单轴蠕变试验结果，进行一系列数值模拟标定得到的腐蚀弱化细观参数 β_1、β_2 和 β_3 分别为 2.9×10^{-4}、1.51×10^{-7}和 4.66×10^{-7}。通过模拟和试验得到饱和度为 13.1%的砂岩试样在不同轴向应力水平下发生破坏的时间，如表 4-7 所示。由表 4-7 可知，试样的破坏时间随着轴向应力的减小而延长，其中在室内试验中，当轴向应力为 36.61 MPa 时，应力持续施加 100 h 试样仍没有发生破裂。模拟结果与室内试验结果之间的一致性为非均质含水砂岩细观时效变形模型的有效性提供了支持。

表 4-7　饱和度为 13.1%的砂岩在不同轴向应力水平下破坏时间的模拟结果和试验结果

轴向应力水平/MPa	破坏时间/h		误差
	模拟值	试验值	
36.61	377.78	—	—
41.84	87.22	87.22	0
44.46	29.17	27.00	8.04%
47.07	8.11	12.36	34.39%
49.69	4.72	4.44	6.31%

4.4.2　砂岩细观时效变形特性

本节利用非均质含水砂岩细观时效变形模型研究饱和度为 13.1%的砂岩试样的细观时效变形特性。图 4-17 所示为应力为 41.84 MPa 时砂岩试样的应变、损伤变量、微裂纹数量和轴向应变率与时间的关系曲线。

从图 4-17 中可知，施加预定轴向应力后，试样发生显著的瞬时变形(即蠕变变形开始前产生的应变)，此时试样的轴向应变和损伤变量分别为 3.57×10^{-3}和 0.17。在初始蠕变阶段，随着时间推移试样的轴向应变逐渐增大，而轴向应变率、侧向应变和体积应变逐渐减

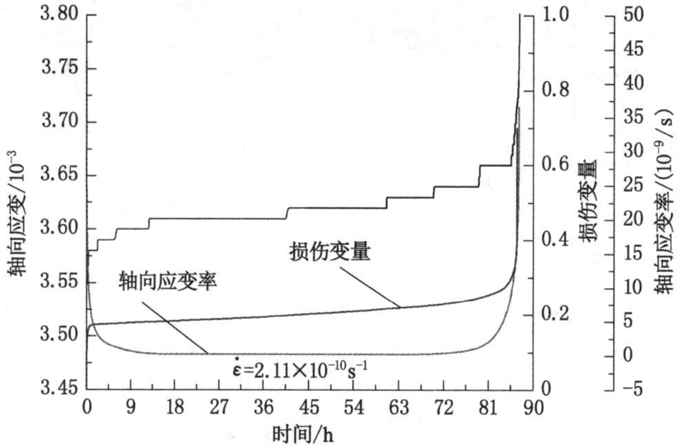

(a) 轴向应变、轴向应变率和损伤变量与时间关系

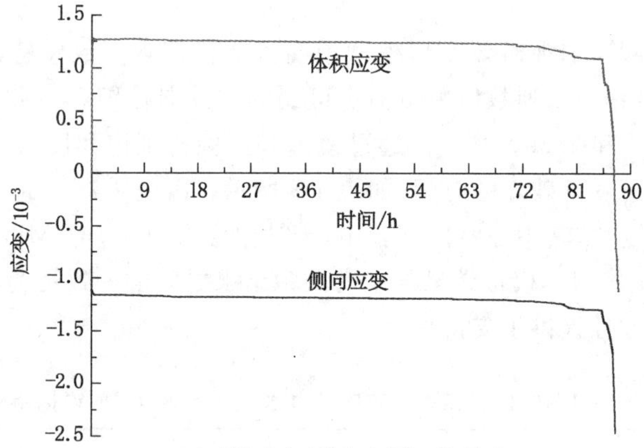

(b) 侧向应变和体积应变与时间关系

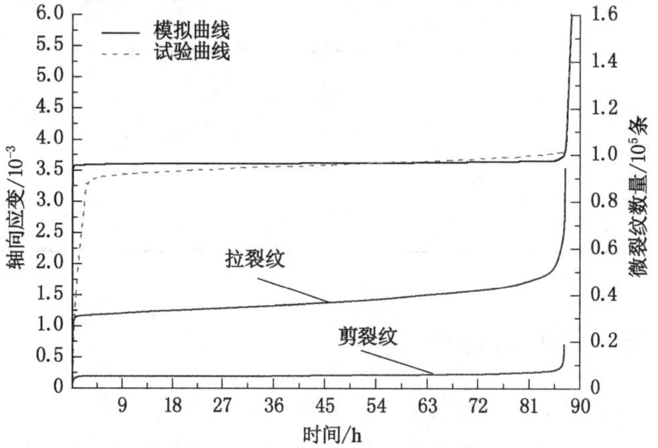

(c) 轴向应变和微裂纹数量与时间关系曲线

图 4-17　应力为 41.84 MPa 时砂岩试样的应变、损伤变量、微裂纹数量和轴向应变率与时间的关系曲线

小，仅有少量微裂纹生成。在稳定蠕变阶段，应变(包括轴向应变、侧向应变和体积应变)随时间缓慢增加，近似为倾斜直线，微裂纹也缓慢生成(以拉裂纹为主)，轴向蠕变应变率近似恒定，值为 2.11×10^{-10}/s，其可以作为表征蠕变变形的指标。稳定蠕变阶段持续一段时间后，轴向应变率和微裂纹生成速率都开始显著增大，此时轴向应变约为 3.64×10^{-3}，砂岩试样破裂，破裂时间约为 87.22 h，该阶段为加速蠕变阶段。试样的损伤变量随时间的演化规律与轴向应变随时间的演化规律相似，发生破裂前试样损伤变量随时间的推移先缓慢增大后加速增大。由图 4-17(c)可以看出，试验曲线的减速蠕变阶段比模拟曲线的减速蠕变阶段更加明显，但整体拟合效果较好，减速蠕变阶段之后的蠕变曲线近似重叠，这表明本书建立的非均质含水砂岩细观时效变形模型能够分析非饱和砂岩试样的时效变形特性。

下面进一步分析不同轴向应力作用下砂岩试样的时效变形特性。图 4-18 所示为不同轴向应力(36.61 MPa、41.84 MPa、44.46 MPa、47.07 MPa 和 49.69 MPa)作用下试样的单轴蠕变试验曲线。从图 4-18 中可以看出，当轴向应力从 41.84 MPa 增大到 49.69 MPa 时，试样的破坏时间从 87.22 h 缩短到 4.72 h，缩短了 94.5%；随着轴向应力从 36.61 MPa 增大到 49.69 MPa，试样的轴向稳态蠕变应变率从 3.37×10^{-11}/s 增大到 5.95×10^{-8}/s。所施加轴向应力水平微小的增大可以导致稳态蠕变应变率的显著增大，同时使试样破裂时间大幅度缩短。例如，恒定应力 44.46 MPa 作用下试样的轴向稳态蠕变应变率为 3.75×10^{-9}/s，破裂时间约为 29.17 h，当增大恒定应力为 47.07 MPa 时，试样的轴向稳态蠕变应变率增大至 2.42×10^{-8}/s，增大了 5.5 倍；其破裂时间缩短至 8.11 h，缩短了 72.2%，该单轴蠕变规律与很多学者已开展的室内试验中观察到的结果一致[216]。不同轴向应力水平作用下试样的轴向和侧向稳态蠕变应变率随时间的演化趋势相似，且同一轴向应力作用下试样的侧向稳态蠕变应变率大于轴向稳态蠕变应变率[图 4-18(c)]。这里需要说明一点，如果向试样施加某一恒定应力，在该应力作用下，试样的变形随时间延长逐渐减小，最后趋于一个极限稳定值，且试样不会发生破坏，该应力称为长期强度。本节所研究的饱和度为 13.1%的砂岩试样的长期强度为 31.38 MPa。

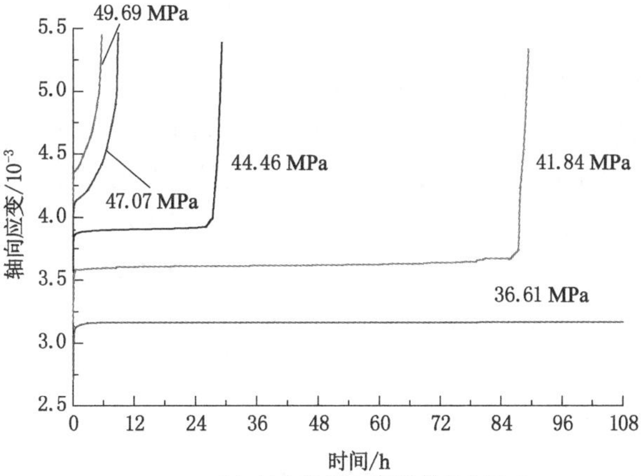

(a) 轴向应变与时间的关系曲线

图 4-18　不同轴向应力作用下试样的单轴蠕变试验曲线

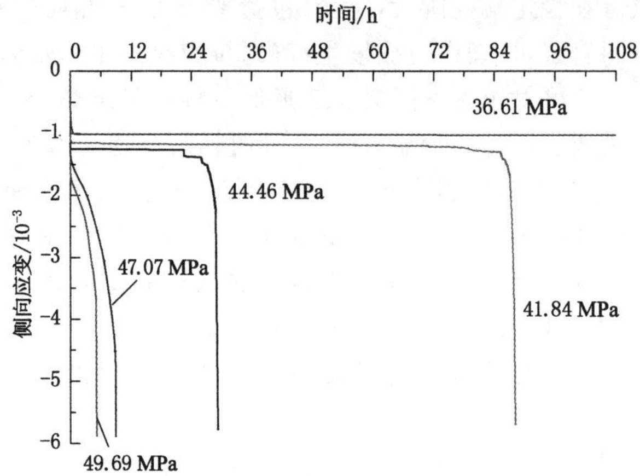

(b) 侧向应变与时间的关系曲线

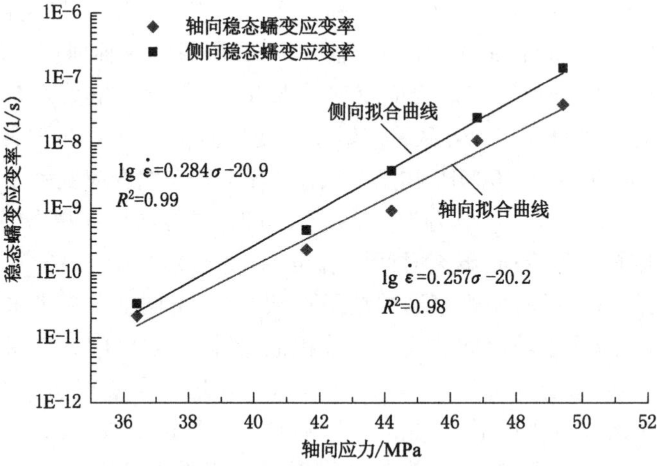

(c) 轴向和侧向稳态蠕变应变率与轴向应力的关系

图 4-18(续)

图 4-19 所示为不同轴向应力水平(36.61 MPa、41.84 MPa、44.46 MPa、47.07 MPa 和 49.69 MPa)下试样的损伤变量与时间的关系曲线。由图 4-19 可以看出,不同应力水平作用下,试样的损伤变量随时间的演化曲线与轴向应变随时间的演化曲线相似,包括初始阶段、稳定增长阶段和加速阶段。在初始阶段,随着应力水平的提高,试样产生的瞬时损伤增大,该阶段逐渐缩短,试样的损伤速率逐渐增大。在稳定增长阶段,损伤变量近似线性增加,且曲线的斜率随应力水平的提高而逐渐增大。这说明随应力水平的提高,模型内部的损伤逐渐增加,模型内部达到或超过应力阈值的子界面数量逐渐增多。在加速破坏阶段,微裂纹生成速率增大,其数量呈指数型增长,随着应力水平的提高,试样更快产生宏观破裂。

4.4.3 不同饱和度砂岩轴向应变和微裂纹随时间的演化特征

轴向应力为 36.61 MPa 时,不同饱和度(13.1%、24.3%、45.2%和 100%)砂岩试样轴向应变与时间的关系曲线如图 4-20 所示。从图 4-20 中可以看出,试样的瞬时应变随饱和

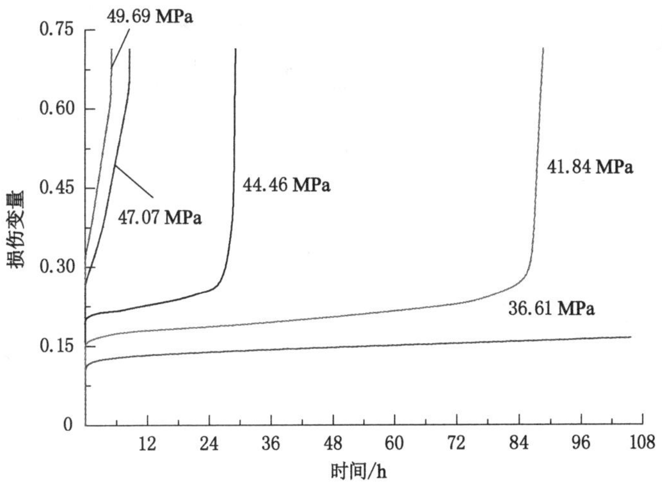

图 4-19　不同轴向应力水平下试样的损伤变量与时间的关系

度的增加而增大，当饱和度从 13.1%增加到 100%时，试样的瞬时应变从 0.33%增加到 0.39%。当饱和度从 13.1%增加到 100%时，试样破坏时间减少了两个数量级，破坏时间从 450 h 缩短到 4.67 h。本模拟中观察到的试样破坏时间随饱和度增大而缩短的变化趋势与 Kranz 等[217]开展的潮湿和干燥 Westerly 花岗岩单轴蠕变试验的试验结果类似。

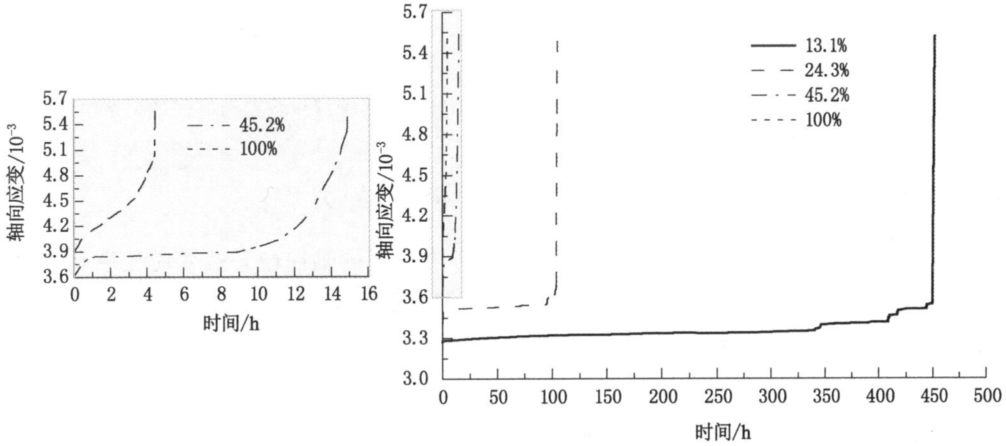

图 4-20　应力水平为 36.61 MPa 时不同饱和度的砂岩试样轴向应变与时间的关系曲线

图 4-21 所示为不同饱和度（13.1%、24.3%、45.2%和 100%）砂岩试样在恒定应力 36.61 MPa 下生成微裂纹数量与时间的关系曲线。模拟结果表明，蠕变过程中，不同饱和度试样生成的拉裂纹数量远多于剪裂纹；在模拟的初始阶段，产生的微裂纹（即破坏的子界面）相对较少，拉裂纹和剪裂纹数量随时间缓慢增加，微裂纹的生成速率几乎不变。一段时间后，微裂纹（拉裂纹和剪裂纹）数量随时间推移呈指数增加，大量微裂纹贯通，宏观表现为试样的应变迅速增大，试样产生宏观破裂。

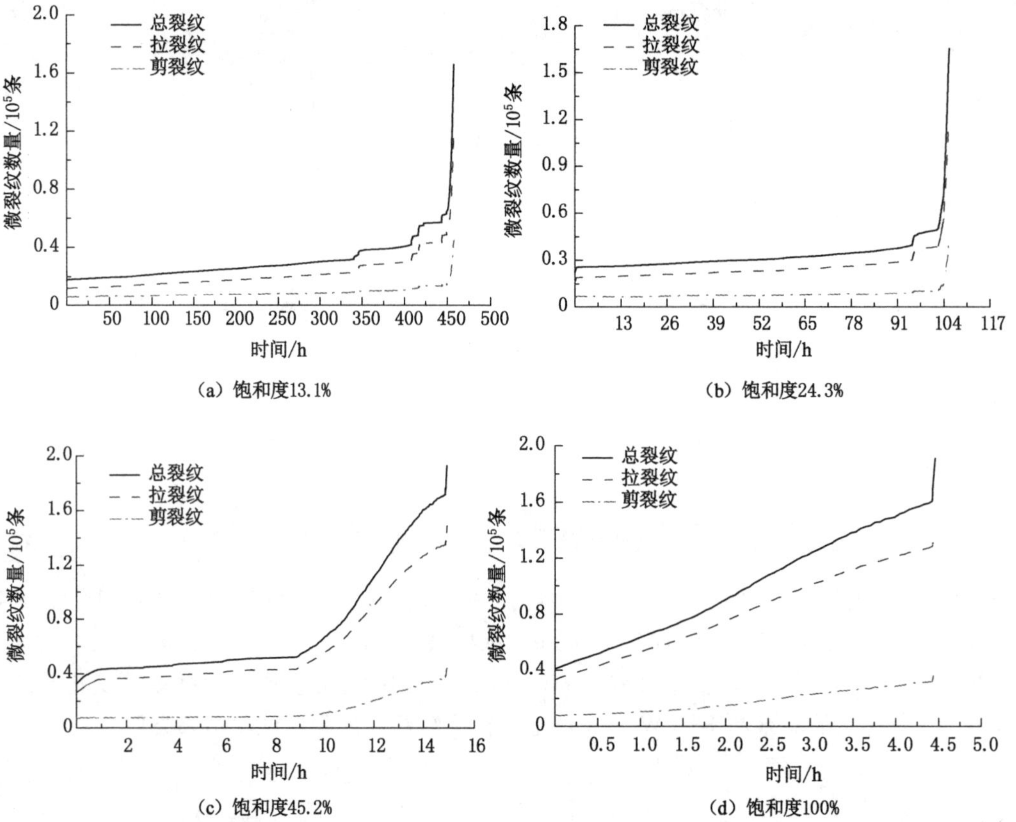

图 4-21　不同饱和度砂岩试样在恒定应力 36.61 MPa 下生成微裂纹数量与时间的关系曲线

4.4.4　饱和度与轴向稳态蠕变应变率和破坏时间的关系

饱和度为 13.1%、24.3%、45.2%和 100%的砂岩试样的轴向稳态蠕变应变率和试样破坏时间与轴向应力的关系曲线如图 4-22 所示。不同饱和度条件下的轴向稳态蠕变应变率与轴向应力的关系可以用指数函数表示：

$$\dot{\varepsilon} = C_1 e^{C_2 \sigma} \tag{4-1}$$

式中，$\dot{\varepsilon}$ 为轴向稳态蠕变应变率；σ 为轴向应力；C_1 和 C_2 为常数。

由图 4-22(b)可得，不同饱和度条件下试样破坏时间与轴向应力的关系可以用指数函数表示：

$$t_f = C_3 e^{-C_4 \sigma} \tag{4-2}$$

式中，t_f 为试样破坏时间；C_3 和 C_4 为常数。

对于饱和度不同的砂岩试样，常数 C_1、C_2、C_3 和 C_4 的值如表 4-8 所示。Heap 等[115-116]通过开展三轴压缩蠕变试验发现，砂岩和玄武岩试样的轴向稳态蠕变应变率和试样破裂时间与轴向应力的函数关系也能用幂函数或指数函数很好地表示。

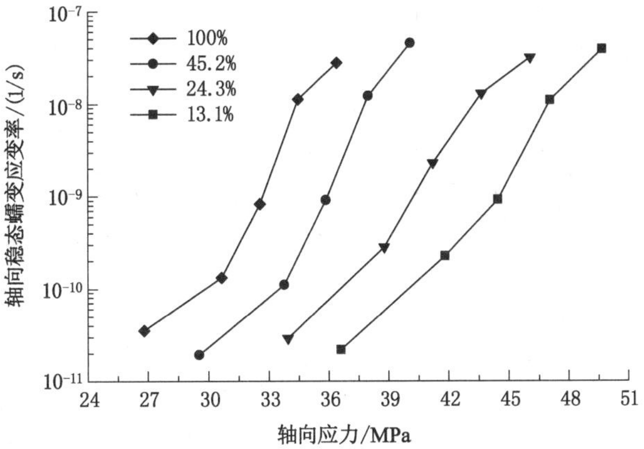

(a) 轴向稳态蠕变应变率与轴向应力的关系

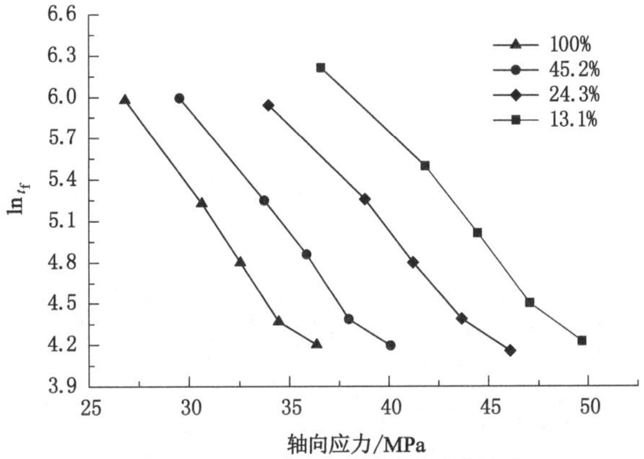

(b) 试样破坏时间与轴向应力的关系

图 4-22　不同饱和度试样的轴向稳态蠕变应变率和破裂时间与轴向应力的关系曲线

表 4-8　不同饱和度条件下试样轴向稳态蠕变应变率和破坏时间与应力水平关系曲线的系数

饱和度	系数			
	C_1	C_2	C_3	C_4
13.1%	5×10^{-19}	0.52	2.63×10^{11}	0.33
24.3%	9×10^{-17}	0.43	8.29×10^{10}	0.34
45.2%	1×10^{-19}	0.66	1.79×10^{11}	0.41
100%	3×10^{-17}	0.57	2.00×10^{11}	0.46

第5章 工程应用

抚顺西露天矿是一座位于辽宁省抚顺市市区西南部，已有百年开采历史的大型深凹露天煤矿，已采出煤炭2.8亿t，油母页岩5.3亿t，为我国的经济发展提供了巨大的能源和财富支持。现已形成东西长约6.6 km，南北宽约2.2 km，深约424 m，扰动面积超过15 km^2的深大矿坑（图5-1）。该深大矿坑产生了一系列地质环境灾害隐患，严重制约城市的发展。2019年，抚顺西露天矿生态恢复治理“2019行动计划”开始实施，至此，抚顺西露天矿正式退煤闭坑，由采转治。按照“产业＋生态＋民生”的思路，对采煤沉陷区进行综合治理，实施生态修复。另外，抚顺西露天矿北帮东区边坡存在持续的蠕动变形，变形有可能会影响北帮周边地区，造成医院、企业及居民住宅区等建筑物出现裂缝或变形的情况，有必要研究北帮边坡的时效变形特性，对地表沉降区域进行分区，提出相应的加固措施或建议，保证抚顺西露天矿周边城区建筑的安全稳定。

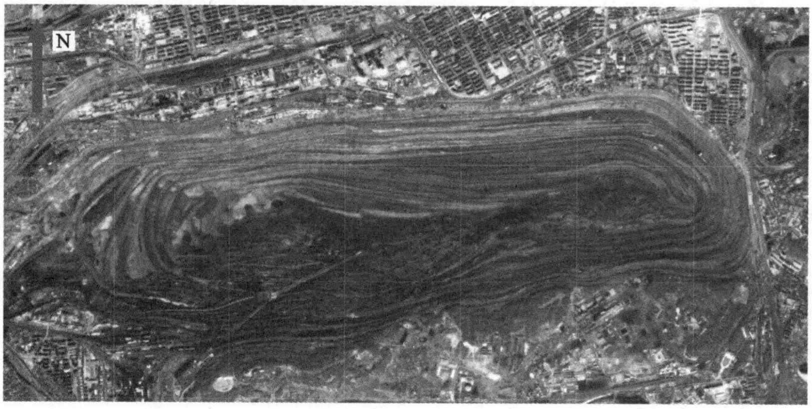

图5-1 抚顺西露天矿

5.1 抚顺西露天矿北帮地质条件

5.1.1 北帮地质构造及地层岩性

抚顺西露天矿位于郯庐大断裂带的北延部分，区域地质构造复杂，主要表现为褶皱和断层。矿区地质构造主要受抚顺复式向斜控制，该复式向斜轴向总体呈NE75°延展，由数条呈斜列式展布的向斜褶皱组成。其中，向斜西部地层发生倒转，形成倒转向斜，向东侧逐步恢复正常。矿区内断层发育，以一组沿NEE向平行分布的断裂（以浑河断裂为代表，主

要包括 F_1、F_{1a} 等断层)为主体，这些断层多表现为逆冲性质。浑河断裂带在抚顺市区以带状形态呈东西分布，该断裂带由数条近平行的逆断层组成，F_1 和 F_{1a} 为两条近平行的主干断层。F_1 断层走向为 NE80°，倾向北西，倾角为 47°～52°，上盘为白垩系，下盘为第三系。F_{1a} 断层走向为 NE80°～85°，倾角为 70°～75°，上盘为太古界鞍山群的花岗片麻岩，下盘为白垩系砂岩。F_{1a} 断层和 F_1 断层之间形成一个由白垩系组成的倒三角岩体。其他断层主要为与这些断裂伴生的受同一应力场控制的近 SN 向断层和 NW 向断层。E700—E1400 是 F_1 断层刚好由坑内转向坑外处，只存在向斜南翼岩层，角度较缓，上部褐色页岩较富集，多形成泥化夹层，从 E1400 以东 F_1 断层逐渐远离矿坑，整体边坡角度较缓。根据抚顺西露天矿矿区的地质结构条件，其地质分区分为西端帮区、北帮西区、南帮西区、北帮东区、南帮东区和东端帮区等 6 个区域(图 5-2)。抚顺西露天矿北帮东区多以裂隙发育为主，未见大型的断裂构造发育，地质结构相对简单，均以单斜地层出露，地层连续性较好。该区域边坡岩层主要由凝灰岩、第四系沉积物、绿色泥岩、褐色页岩、煤层、褐色油母页岩构成，如图 5-3 所示。

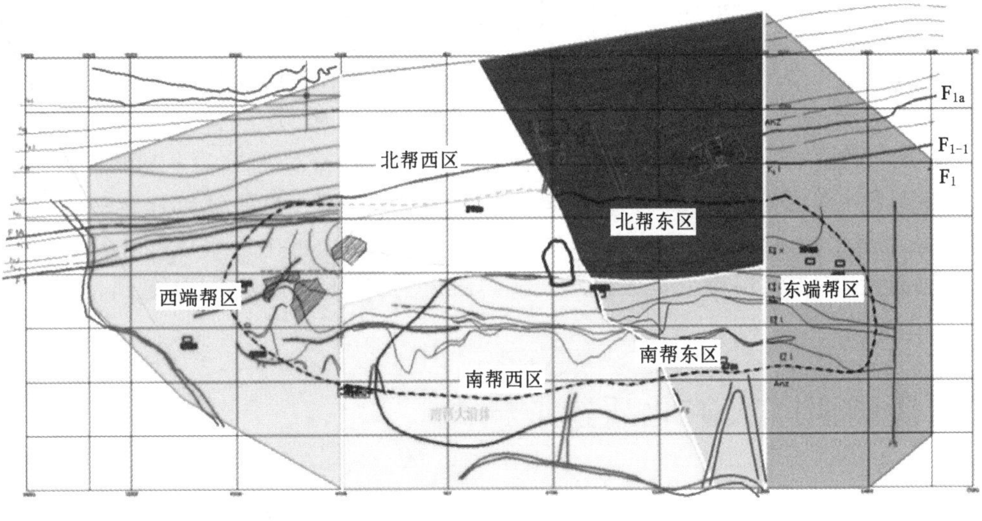

图 5-2 抚顺西露天矿工程地质分区

5.1.2 北帮水文地质条件

矿区北帮边坡表面渗水明显，在非汛期边坡的水位埋深约为 16 m，汛期水位埋深约为 2.4～5 m(通过钻孔确定的水位埋深)。

(1) 冲积层水文地质条件

冲积层底板标高 58～66 m，厚度 11～36 m，平均厚度 17.5 m，由上下两部分组成。上部由人工填土、充填碎石及不稳定分布的黏土、亚黏土透镜体组成，厚 6～14 m；下部由磨圆很好的卵石、粗砂及细砂组成，厚 7～9 m。下部含水层在 E2000 以东尖灭。北帮冲积层作为河水向下补给的良好面状补给源，与浑河河床毗邻，其含水层连续分布，并受到浑河的直接补给，二者水力联系较为密切。

(2) 基岩水文地质条件

图 5-3　北帮东区岩层出露情况(从东帮向西看)

北帮冲积层覆盖的基岩水文地质单元有:① 花岗片麻岩构造裂隙含水单元,该构造裂隙极为发育,但是水文地质参数不详,水平放水孔穿入该层时,水量达 15.7 L/s,历时两个月水量不减,说明该岩层渗透性、赋水性良好;② 白垩系砂岩、砂砾岩、凝灰质粉砂岩及玄武岩构造裂隙含水单元,受构造影响,岩层裂隙发育、破碎,1982 年试验参数为 $K=10^{-6}$ m/s;③ 第三系绿色泥岩构造裂隙含水单元,绿色泥岩为北帮边坡的主要组成部分,厚度 120～530 m,层间发育有 30 层褐色页岩夹层,部分褐色页岩中还夹有泥化层,起到相对隔水作用,$K=10^{-7}\sim10^{-6}$ m/s。

5.2　抚顺西露天矿北帮边坡模型

5.2.1　基于 Rhino 软件的边坡三维地质模型

在充分认识抚顺西露天矿区地质条件的基础上,根据无人机图片和典型剖面结构,利用三维建模软件(3D Mine 和 Rhino)建立抚顺西露天矿三维地质模型,展示整个矿山的地质分布概况。模型建立过程包括:(1) 在 3D Mine 软件中根据矿区无人机图片完成所有台阶线信息提取,同时借助软件内置的线上冗余点删除、等距离加密等功能优化台阶线上的点,给台阶线赋高程,由台阶线生成台阶面和台阶坡面,形成边坡表面网格图。将生成的边坡表面网格图保存为 DXF 格式并导入 Rhino 软件,在 Rhino 软件中通过多重曲面变换和布尔运算分割建立矿区表面模型。(2) 根据辽宁省第十地质大队有限责任公司提供的 33 个 CAD 剖面图获得矿区岩层的空间位置关系及分布状态,在 3D Mine 软件中利用坐标轴调换命令将所有 CAD 剖面图的空间轴向对应到矿区相对坐标系轴向,得到剖面图中岩层分界线的实际三维空间分布,然后在 Rhino 软件中提取岩层分界线信息,利用曲面-放样命令生成岩层曲面。(3) 对岩层曲面与矿区表面模型进行实体分割,建立抚顺西露天矿三维地质模型,如图 5-4 所示。该模型精确再现了抚顺西露天矿区的地质分布信息。矿区边坡的岩层包括白垩系砂岩、泥页岩互层、玄武岩、煤层、花岗片麻岩、油母页岩、煤线弱层和断层等。

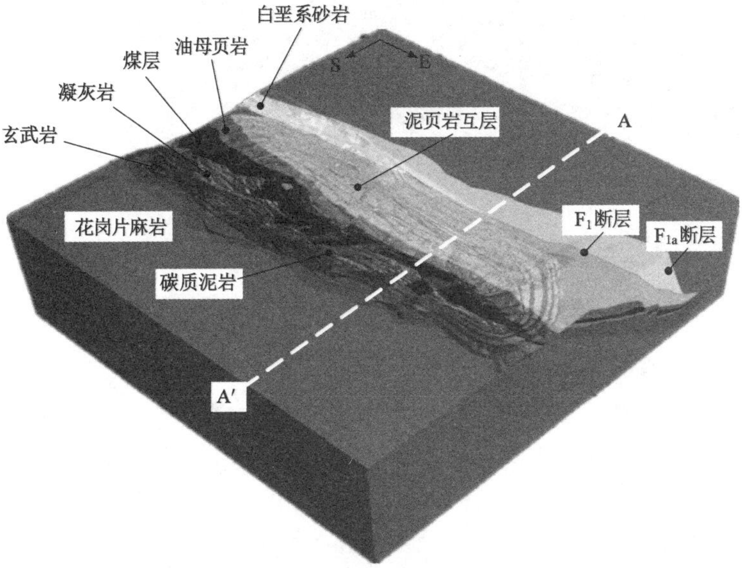

(a) 抚顺西露天矿三维地质模型

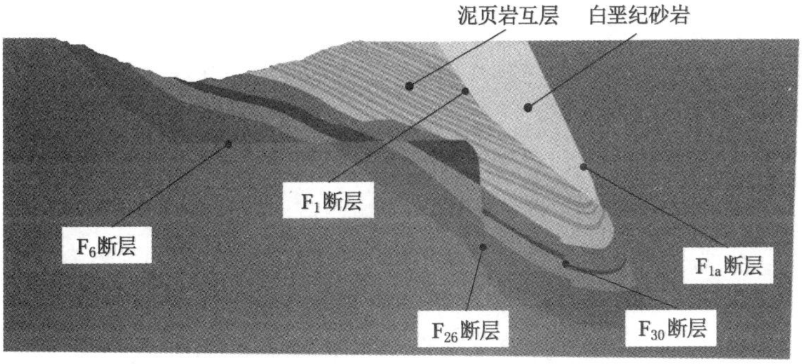

(b) A-A′ 剖面图

图 5-4　抚顺西露天矿三维地质模型

5.2.2　北帮 E2400 和 E1000 数值模型

利用 Voronoi 多面体离散模型建立抚顺西露天矿北帮边坡数值模型进行边坡时效变形分析。考虑 Voronoi 多面体离散模型计算过程中受计算机计算性能的限制和抚顺西露天矿区范围较大,这里简化边坡数值模型尺寸,如图 5-5(a)所示,只建立边坡北帮 E2400 和 E1000 数值模型。边坡北帮 E2400 模型尺寸为 1 300 m×5 m×479 m,包含 13 000 个 Voronoi 多面体和 104 000 个网格单元,该模型以矿区 2017 年基本停止生产时的边坡现状为基础,如图 5-5(b)所示。边坡北帮 E1000 数值模型尺寸为 1 140 m×5 m×479 m,包含 11 500 个 Voronoi 多面体和 85 000 个网格单元,如图 5-5(c)所示。图中坡表的岩层为卸荷带,卸荷带深度为 40～50 m,不同颜色代表不同岩性的岩层,根据高程由上到下岩层依次为玄武岩、砂岩、褐色页岩、绿色泥岩和花岗片麻岩,其中边坡坡面褐色页岩和绿色泥岩相互互层多达 40 多层。

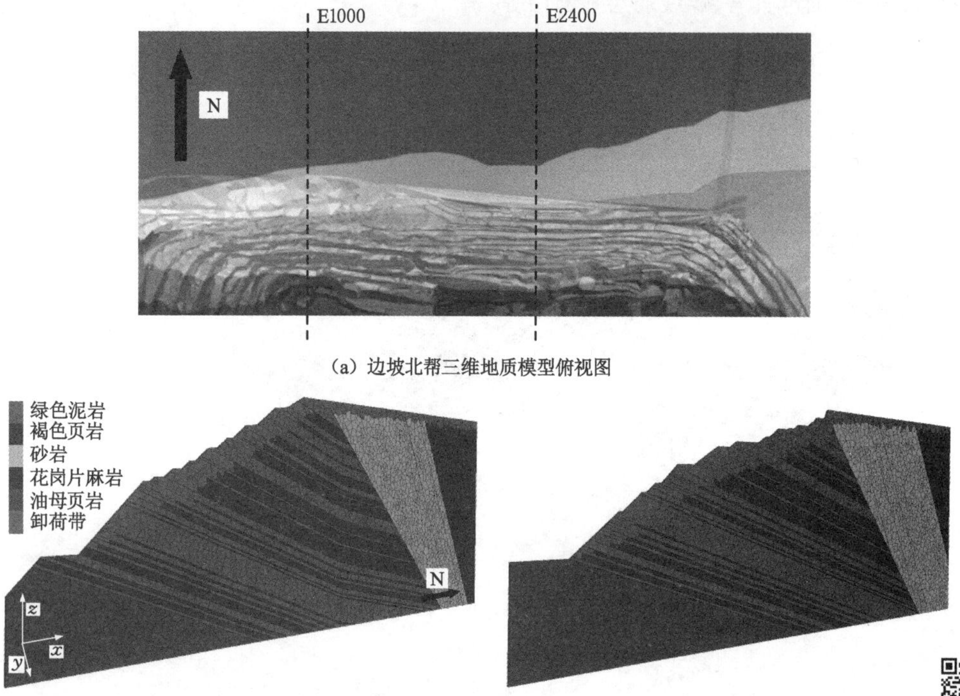

(a) 边坡北帮三维地质模型俯视图

(b) 边坡北帮E2400数值模型

(c) 边坡北帮E1000数值模型

图 5-5　边坡北帮数值模型

地下水位线以上为非饱和区域，非饱和区域孔隙水压力(毛细吸力)为负，有利于边坡稳定。而地下水位线以下为饱和区域，饱和区域孔隙水压力通常为正值，不利于边坡稳定。各个不同岩性的岩层内部 Voronoi 多面体采用线弹性模型，而界面(岩层之间界面和岩层内部 Voronoi 多面体之间界面)采用库仑滑移模型。毛细定律和应力腐蚀等理论不仅适用于砂岩，也适用于页岩、泥岩等岩石材料[64,130-131,167,218]，因此，本书建立的非均质含水砂岩细观时效变形模型能应用于该边坡模型中的砂岩、绿色泥岩和褐色页岩等岩体，用于研究地下水影响下北帮 E2400 和 E1000 的时效变形特性。此外，书中边坡模型的左右边界面积不同，使用应力边界条件会导致模型因受力不均而发生旋转或移动，因此本模型的边界条件采用位移边界条件。边坡模型的顶面设定为自由面，前后左右四侧边界的法向速度设置为 0(X 轴正向指定为大地坐标系的“北”方向，Y 轴正向指定为大地坐标系的“东”方向)，底部边界设置 X、Y 和 Z 方向速度都为 0。

5.3　考虑地下水的抚顺西露天矿北帮边坡数值计算

5.3.1　北帮边坡岩体细观参数标定

边坡岩体经历了漫长的地质作用，其内部被诸多裂隙、节理、层理等不连续面切割为不连续的岩石块体和结构面。岩石块体、结构面和赋存环境(如地下水、地应力、地温)共同决定了岩体的力学性质，包括强度特性、变形特性和稳定性特征。而室内力学试验具有一定的局限性，首先，制备岩石试样时通常选择完整性较好的岩体区域，忽略了损伤区域；其次，制备的岩石试样的尺寸较小，试样内部不包含不连续面，试验结果不能体现不连续面对岩体力学性质的影响，不能有效反映真实岩体的力学性质，获得的岩石力学参数与实际岩体的力学参数偏差较大。因此，仅根据室内力学试验结果确定岩体的力学参数是不充分的，需要同时考虑在现场测量获得的结构面空间分布等地质信息，计算岩体强度指标，确定岩体的力学参数。工程实践表明[219-220]，现场大尺度岩体的内聚力、弹性模量和抗拉强度比室内试验获得的岩石内聚力、弹性模量和抗拉强度小很多，而岩体的摩擦角和泊松比与室内试验获得的岩石的摩擦角和泊松比差别不大。

本书基于刘春等[221]针对茂县新磨村滑坡开展的三维离散元模拟研究方法，建立了与北帮 E2400 和 E1000 模型中 Voronoi 多面体平均直径相同的离散模型，用以标定岩体力学参数。模型中弹性模量和强度值均为室内试验值的 40%左右。另外，岩体时效变形力学参数的选取是数值模拟中比较复杂的问题，现场环境中的地下水、结构面和温度等都会影响岩体的时效变形特性。现场岩体的时效变形特性比室内试验中岩石试样的时效变形特性更加显著。因此，通常在岩石室内流变试验的基础上，结合现场工程地质条件、现场的监测数据和其他工程同类岩石的研究结果进行综合分析，以确定岩体的时效变形参数。本节首先根据砂岩和绿色泥岩等室内蠕变试验结果初步确定岩体的蠕变细观参数，然后利用抚顺西露天矿北帮边坡变形的现场监测数据修正并确定蠕变细观参数。这里需要说明的是，抚顺西露天矿边坡中含有的岩样种类较多，但本研究中边坡时效变形破坏的主要岩体为绿色泥岩、褐色页岩和砂岩，所以这里主要标定绿色泥岩、褐色页岩和砂岩的细观参数。根据之前已经开展的抚顺西露天矿边坡岩石室内力学试验及相关学者关于抚顺西露天矿边坡进行的研究[222-225]，确定了抚顺西露天矿边坡不同岩层岩石的力学参数，例如，法向应力为 8 MPa 条件下不同含水率绿色泥岩剪切应力-剪切应变曲线(图 5-6)，法向应力为 8 MPa 和含水率为 1.2%条件下绿色泥岩剪切应变-时间曲线(图 5-7)。这些力学参数将用于西露天矿边坡岩体力学参数标定和模拟计算。

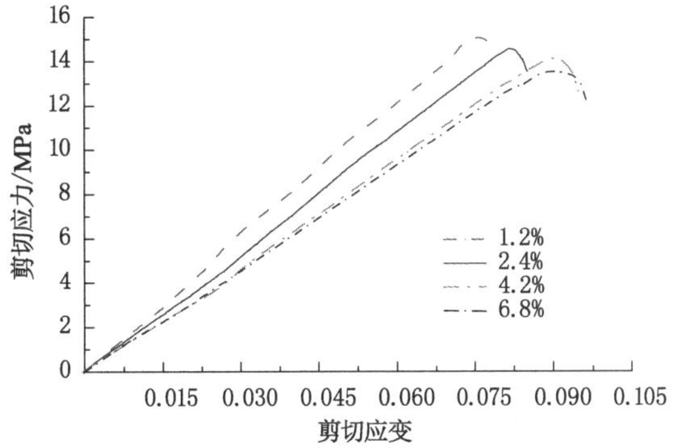

图 5-6　法向应力 8 MPa 条件下不同含水率绿色泥岩剪切应力-剪切应变曲线

如图 5-8 所示，本研究所建立的 Voronoi 多面体离散模型尺寸(长×宽×高)分别为 150 m×5 m×300 m 和 150 m×5 m×150 m。两个模型侧面均设置为无约束边界条件，但加载方式不同：图 5-8(a)模型在顶底端面施加位移控制加载，模拟单轴压缩试验；图 5-8(b)

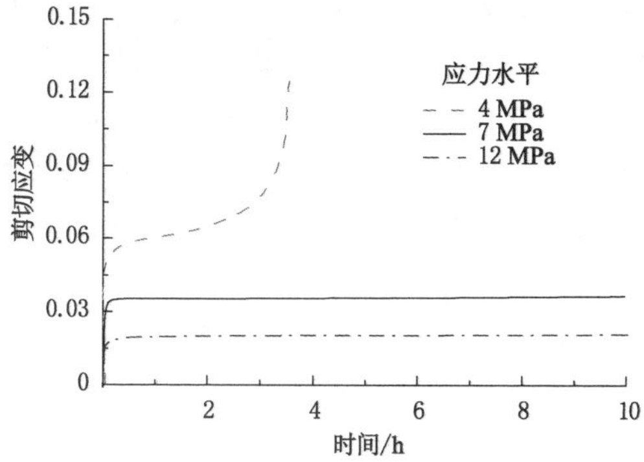

图 5-7　法向应力为 8 MPa 和含水率为 1.2%条件下绿色泥岩剪切应变-时间关系曲线

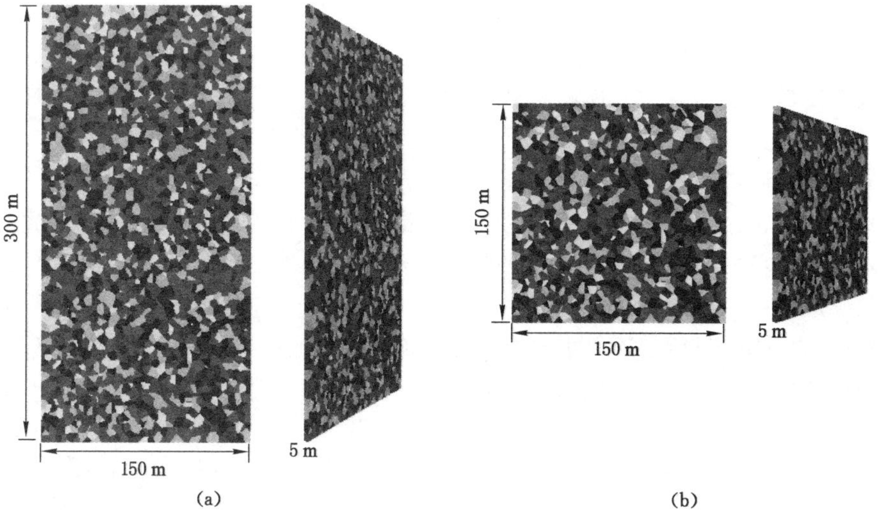

图 5-8　数值模型

模型在顶底端面施加恒定法向载荷，同时在左侧面上半部分施加水平位移，模拟剪切破坏试验。经过一系列模拟标定得到边坡模型中不同岩层岩体的细观力学参数，主要包括多面体的弹性模量(E)和泊松比(ν)，界面的法向刚度(K_n)、切向刚度(K_s)、界面内聚力(c_J)、拉伸强度(T_J)和摩擦角(φ)。模拟结果如表 5-1 所示。另外，标定得到边坡模型中砂岩的细观参数分别为 2、1.79、2.6×10^{-6}、1.9×10^{-10}和 4.7×10^{-10}，绿色泥岩的细观参数分别为 7、1.49、7.5×10^{-7}、3.8×10^{-12}和 2.6×10^{-12}，褐色页岩的细观参数分别为 4、1.40、8.7×10^{-7}、2.5×10^{-12}和 7.1×10^{-12}。

表 5-1　边坡岩体细观力学参数

材料名称	弹性模量 E/GPa	泊松比 ν	法向刚度 K_n/(GPa · m^{-1})	切向刚度 K_s/(GPa · m^{-1})	拉伸强度 T_J/MPa	内聚力 c_J/MPa	摩擦角 φ/(°)
砂岩	3.4	0.20	60	10	1.80	6.30	27
花岗岩	30	0.20	800	130	6.60	20.80	27

表 5-1(续)

材料名称	弹性模量 E/GPa	泊松比 ν	法向刚度 $K_n/(\text{GPa}\cdot\text{m}^{-1})$	切向刚度 $K_s/(\text{GPa}\cdot\text{m}^{-1})$	拉伸强度 T_J/MPa	内聚力 c_J/MPa	摩擦角 φ/(°)
绿色泥岩	1.5	0.28	8	1.4	1.70	0.35	27
褐色页岩	0.8	0.30	5	1	0.32	0.90	27
油母页岩	3.4	0.26	9	1.5	2.60	8.60	27

5.3.2　北帮 E2400 地表时效变形特征

利用合成孔径雷达干涉测量(InSAR)技术监测抚顺西露天矿北帮边坡在 2017—2018 年的地表沉降，其结果如图 5-9 所示。由图 5-9 可以看出，北帮 E2400 地表持续发生蠕变变形，特别是在汛期(7—8 月)，地表沉降速度相对较快(抚顺市在 2018 年的 7 月 24 日至 8 月 24 日发生了数次较大降雨)，其中汛期降雨对距离边坡坡肩 30 m 和 100 m 处地表沉降量影响较大，而对于距离边坡坡肩 260 m 处影响很小[图 5-9(a)]，这说明地下水位埋深对北帮边坡蠕变变形有明显影响。2017 年 12 月到 2018 年 12 月，北帮 E2400 最大累计沉降量约为 17.5 mm，地表的最大沉降主要发生在 F_1 断层附近[图 5-9(b)]。

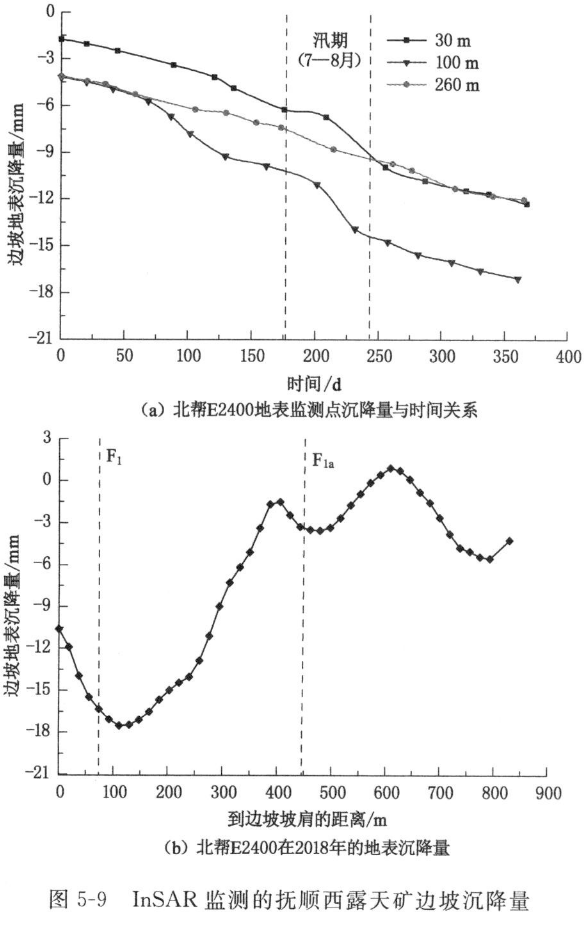

(a) 北帮E2400地表监测点沉降量与时间关系

(b) 北帮E2400在2018年的地表沉降量

图 5-9　InSAR 监测的抚顺西露天矿边坡沉降量

根据抚顺西露天矿北帮边坡在非汛期和汛期的水位埋深，开展北帮 E2400 模型在地下水位线分别为 16 m(非汛期水位埋深)和 4 m(汛期水位埋深)条件下的时效变形特性研究，验证边坡模型的可靠性。图 5-10 所示为水位埋深约为 16 m 时北帮 E2400 模型模拟结果。在重力作用下，边坡模型通过迭代计算逐渐平衡，模型内的最大不平衡力持续衰减，其与典型内力比值收敛至 1×10^{-5}，达到初始平衡状态[图 5-10(a)]。模型在平衡状态下，z 方向应力(垂直应力)随埋深增加逐渐增大，未出现明显的应力集中现象，在底部由重力引起的压应力计算值约为 13.4 MPa[图 5-10(b)]。

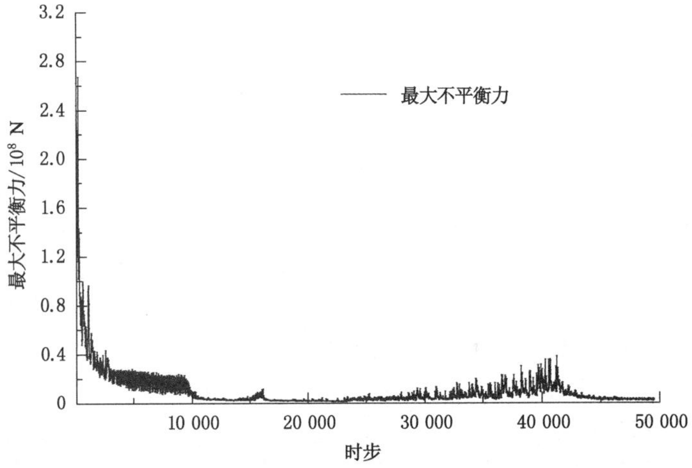

(a) 最大不平衡力

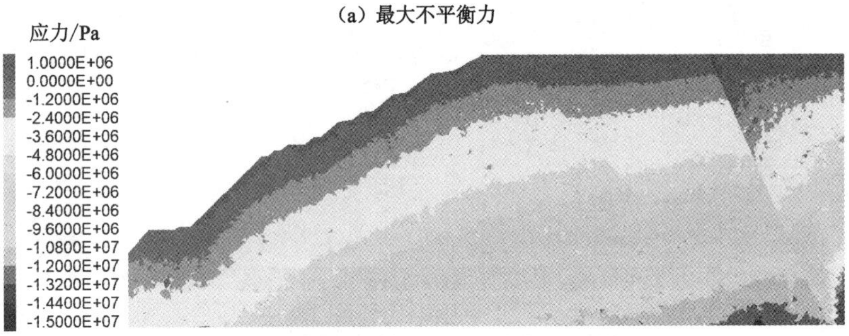

(b) 初始平衡状态 z 方向(垂直方向)应力云图

图 5-10　水位埋深约为 16 m 北帮 E2400 模型模拟结果

北帮 E2400 模型在达到初始平衡之后开始发生时效变形，其模拟结果如图 5-11 所示。图中监测点(1# 至 11#)到边坡坡肩的距离分别为 0、30 m、50 m、70 m、90 m、115 m、140 m、190 m、250 m、310 m 和 370 m。从图 5-11 中可以看出，北帮 E2400 的地表随时间发生持续沉降，且沉降速度减小。例如，当地下水位埋深为 16 m 时，北帮 E2400 从时效变形的第 25 d 到第 100 d 地表最大沉降量增加 5.5 mm，从第 200 d 到第 275 d 地表最大沉降量增加 4.3 mm；第 350 d 时地表最大沉降量为 20.3 mm，地表的最大沉降主要发生在 F_1 断层附近。地下水位埋深影响边坡的地表沉降量，当地下水位埋深从 16 m 减小为 4 m 时，时效变形的第 360 d 地表的最大沉降量从 20.8 mm 增加到 28.4 mm。数值模拟分析得到两种水位埋深条件下北帮 E2400 地表时效变形趋势与现场监测数据一致，说明了本书建立的边坡模型用于模拟分析抚顺西露天矿北帮边坡时效变形特性是可行的。

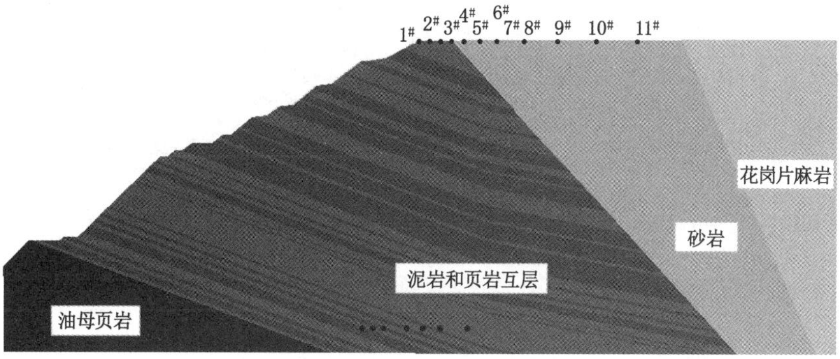

(a) 北帮E2400地表沉降监测点

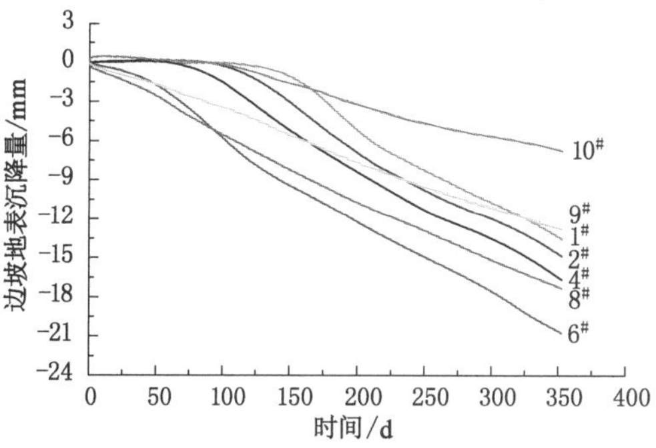

(b₁) 地下水位埋深16 m

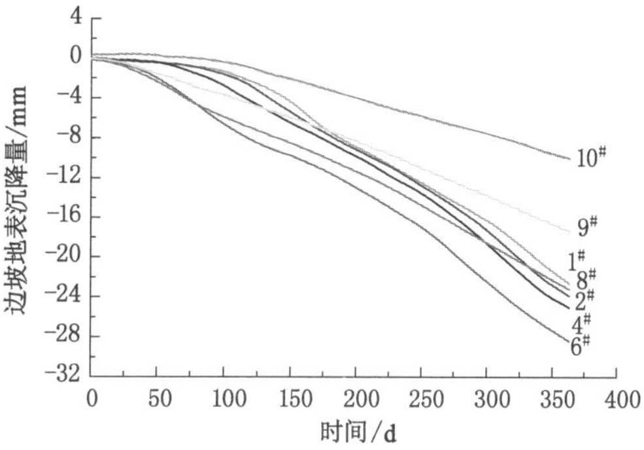

(b₂) 地下水位埋深4 m

(b) 监测点地表沉降量与时间的关系

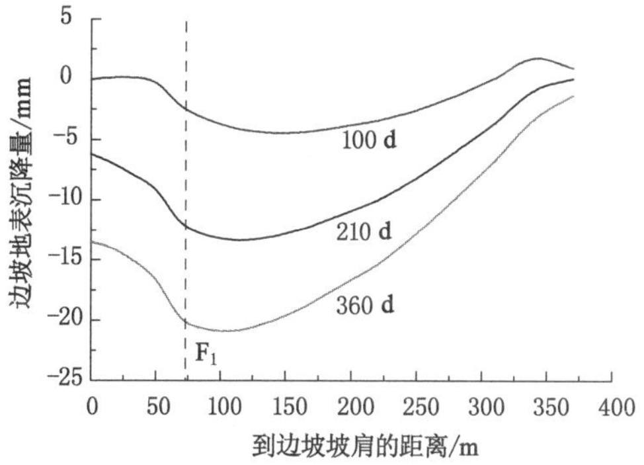

(c₁) 地下水位埋深16 m

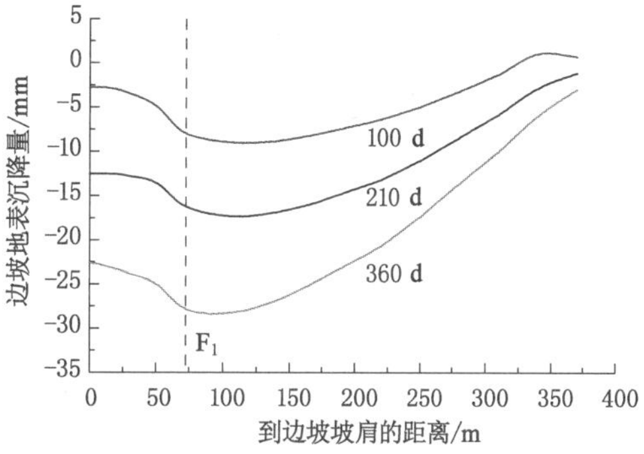

(c₂) 地下水位埋深4 m

(c) 北帮E2400地表沉降量与到边坡坡肩距离的关系

图 5-11 北帮 E2400 模型时效变形模拟结果

进一步研究北帮 E2400 模型在地下水位埋深为 4 m(汛期水位埋深)时的时效变形特性,模拟结果如图 5-12 和图 5-13 所示。从图 5-12(a)～(d)可以看出,随着时间的推移,北帮 E2400 产生的变形逐渐增大,坡顶地面发生沉降,且沉降区域的范围越来越大,其中断层 F_1 附近的沉降量比边坡地表其他区域的沉降量大;边坡坡脚处出现底鼓,其底鼓量也随着时间的推移而逐渐增大。此外,随着时间的延长,边坡地表沉降减缓,并逐渐趋于稳定,这说明北帮 E2400 变形趋于稳定。例如,从第 300 d 到第 600 d,监测点 1# 位置的沉降量增加了 8.08 mm,从第 600 d 到第 900 d,监测点 1# 位置的沉降量增加了 6.12 mm[图 5-12(e)]。

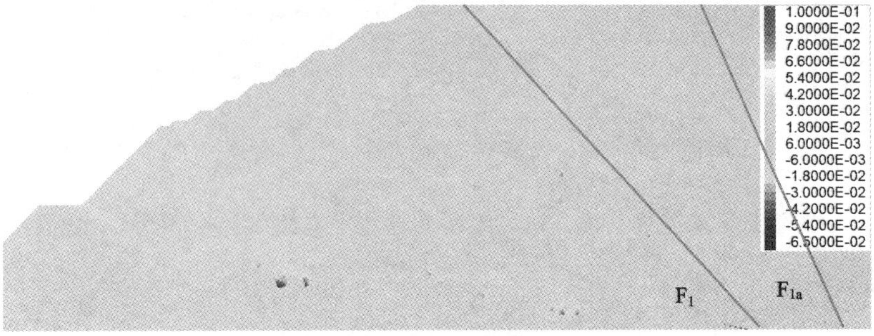

(a) 182 d(0.5 a)

(b) 547 d(1.5 a)

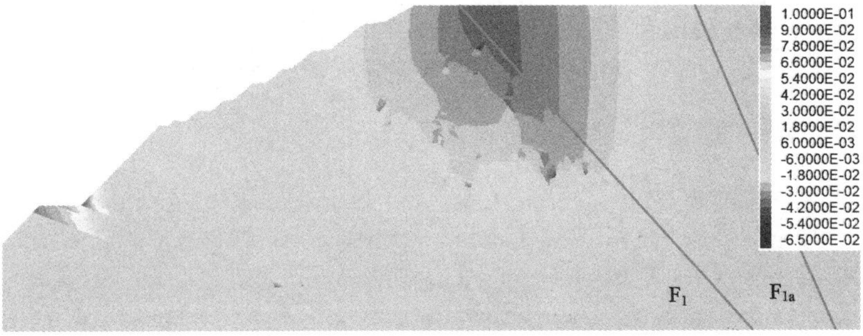

(c) 912 d(2.5 a)

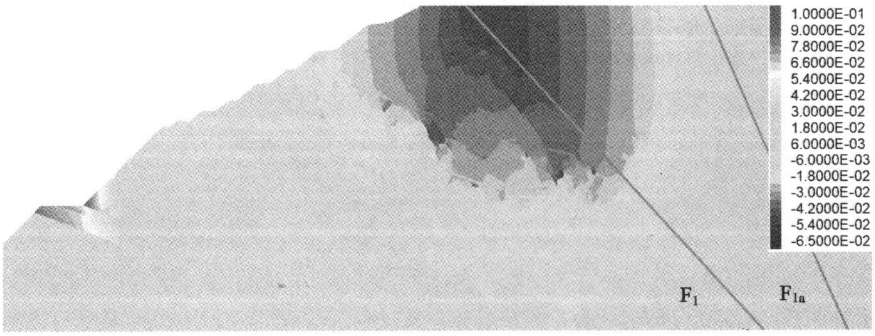

(d) 1 277 d(3.5 a)

图 5-12　北帮 E2400 不同时间的地表沉降量

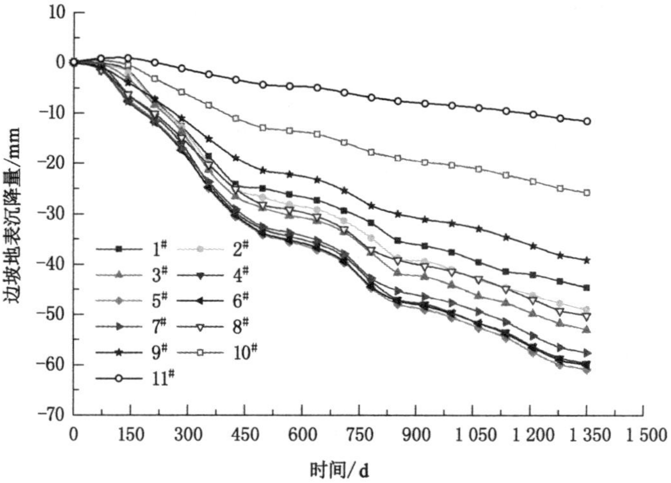

(e) 监测点沉降量与时间关系

图 5-12(续)

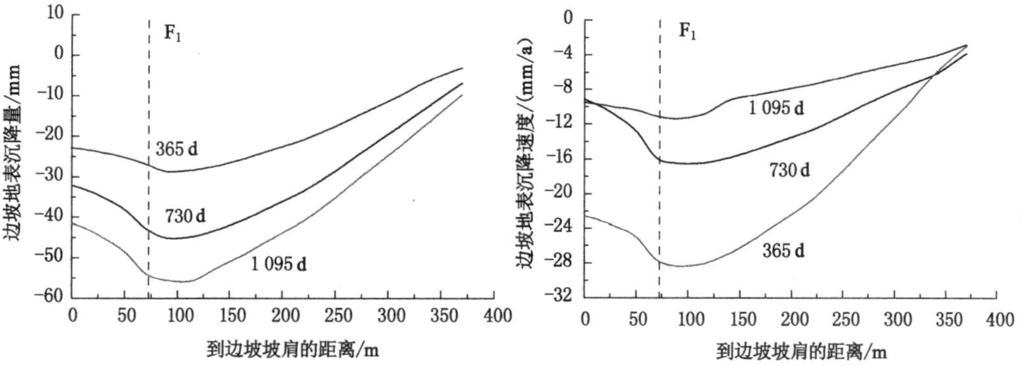

(a) 数值模拟

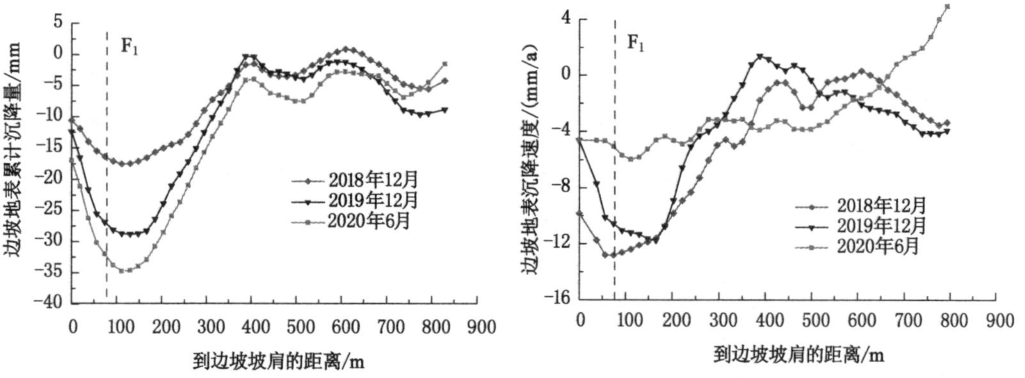

(b) 现场监测

图 5-13 不同时间点的边坡坡顶沉降量和沉降速度

由图 5-13 可以看出，距离坡肩大约 100 m 的区域(F_1 断层右侧)地表沉降量最大。例如，边坡时效变形 730 d(2 a)时，该位置的沉降量为 45.2 mm，而距离坡肩大约 50 m 和 150 m 处的沉降量分别为 38.1 mm 和 41.5 mm。边坡的时效变形速度逐渐减缓并趋于稳定。例如，距离边坡坡肩 50 m 的位置处，在时效变形第 2 年(730 d)的沉降速度为 12.8 mm/a，而第三年(1 095 d)的沉降速度为 10.4 mm/a。根据 InSAR 技术监测的从 2017 年 12 月到 2020 年 6 月北帮 E2400 地表沉降数据可以发现[图 5-13(b)]，北帮 E2400 坡顶的最大沉降主要发生在 F_1 断层附近，从 2018 年 12 月到 2020 年 6 月，最大累计沉降量约为 35 mm，地表的沉降速度逐渐减缓，北帮 E2400 变形趋于稳定。以上结果表明，在不利的环境中(北帮 E2400 持续处于汛期水位埋深)，北帮 E2400 变形趋于稳定，且变形趋势与现场监测数据一致。

通常认为地表变形大于临界变形值或沉陷量大于 200 mm 的地表变形区域为开采扰动区，在此基础上，为了提高安全等级，外推 40 m 作为变形影响区，开采变形区的外围定义为安全区。若安全区的距离小于 200 m，则按 200 m 计算。这里数值模拟和监测数据(根据监测数据假设以当前的沉降速度继续变形，截至 2025 年，在 F_1 断层附近处 2014—2025 年最大累计沉降量约为 175 mm)都求得 E2400 剖面附近距离矿坑边界 200 m 范围的沉降量小于 200 mm，因此本书将 E2400 剖面的开采扰动区定为 200 m。

5.3.3 北帮 E1000 时效变形失稳过程

2014 年 9 月，抚顺西露天矿北帮 E1000 附近发生了局部楔形体大滑坡，滑坡后缘剪入位置标高为－80 m，前缘剪出位置标高为－252 m，绿色泥岩底部标高为－220 m。滑体南北长约为 300 m，东西宽约为 300 m，高差为 178 m，滑体厚度为 40 m，破坏滑移面积约为 10 万 m^2。2016 年 7 月 25 日，抚顺西露天矿北帮 E1000 附近再次发生了局部滑坡，滑坡后缘剪入位置标高为＋75 m，在矿坑北部地表运输部车库附近，前缘剪出位置标高为－25 m，南北长约为 300 m，高差为 110 m，东西宽约为 500 m，滑坡体面积约为 15 万 m^2。这两次滑坡都与降雨有关，特别是 2016 年 7 月 25 日抚顺地区遭遇大暴雨，数小时内降雨量达到 200 mm。图 5-14 所示为滑坡现场照片。

(a) 2014年滑坡　　(b) 2016年滑坡

图 5-14　抚顺西露天矿北帮 E1000 滑坡现场照片

降雨入渗改变边坡内部地下水分布，使地下水位上升，地下水位线以上的非饱和区域出现暂态饱和现象，导致岩体的重度增加和岩体抗剪强度的降低，从而促使边坡滑坡的发生。目前对于降雨后边坡内部地下水位线以上水压力分布计算以经验公式为主。图 5-15 所示为不同的边坡水位线以上水压力分布设计方法[226-227]。美国的一些工程采用水面达地表的静水压力分布。我国的一些边坡工程采用将静水压力乘以折减系数的方法进行设计，如三峡工程曾采用折减系数 0.3。而五强溪水电站尝试采用了 Hoek 建议的非饱和区水压力分布。考虑抚顺西露天矿北帮在汛期水位埋深为 2.4～5 m，2014 年和 2016 年北帮 E1000 失稳前都遇到大暴雨，本书将降雨后北帮 E1000 非饱和区水压力分布按照静水压力乘以折减系数的方法进行设计。

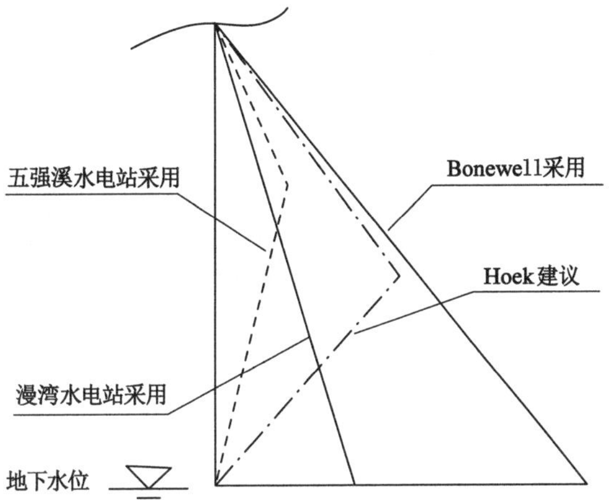

图 5-15　降雨后边坡地下水位线以上水压力分布设计方法

利用已建立的细观时效变形模型模拟边坡 E1000 的时效变形失稳过程，模拟中依然选择由 FISH 语言编写的自适应程序自动更新调整应力腐蚀时间增量值 Δt，选择最大不平衡力作为调整指标加入自适应程序中。在模型运行过程中，设置应力腐蚀初始时间增量值为 1 s，每一时步都对应应力腐蚀时间增量 Δt，最小时步为 1×10^{-3} s，最大时间增量为 1×10^{4} s，动力学计算中的时步设置为 0.003 s。在模拟边坡失稳后滑动过程中，比较应力腐蚀的时步和动力学计算的时步，将二者中较小的值作为模型的时间值。模拟得到的抚顺西露天矿北帮 E1000 在 2014 年的时效变形失稳过程如图 5-16 所示。模拟计算过程中，边坡持续发生时效变形，边坡底部产生应力集中，生成裂纹并逐渐向边坡上部扩展，在重力和降雨增加作用下，裂纹贯通形成边坡滑动面，边坡发生变形失稳。由图 5-16 可以看出，在第 3 min 时，滑坡下部产生明显的滑动，下部的水平和垂直位移速度分别约为 0.038 m/s 和 0.008 m/s；第15 min 时，整个滑坡体发生滑动，此时滑坡底部的位移速度约为 0.059 m/s，以水平位移为主，滑坡上部的位移速度约为 0.019 m/s，以垂直位移为主，滑坡向左(边坡临空面)滑移了约 45.9 m；滑坡继续向边坡的临空面运动，在第 32 min 时，滑坡底部的位移速度约为 0.051 m/s，滑坡向边坡临空面滑移了约 76.8 m。

图 5-17 所示为抚顺西露天矿北帮 E1000 在 2016 年的时效变形失稳过程。边坡模型在持续的时效变形过程中，受降雨入渗的作用，边坡内部水位埋深升高，使边坡岩体强度进一

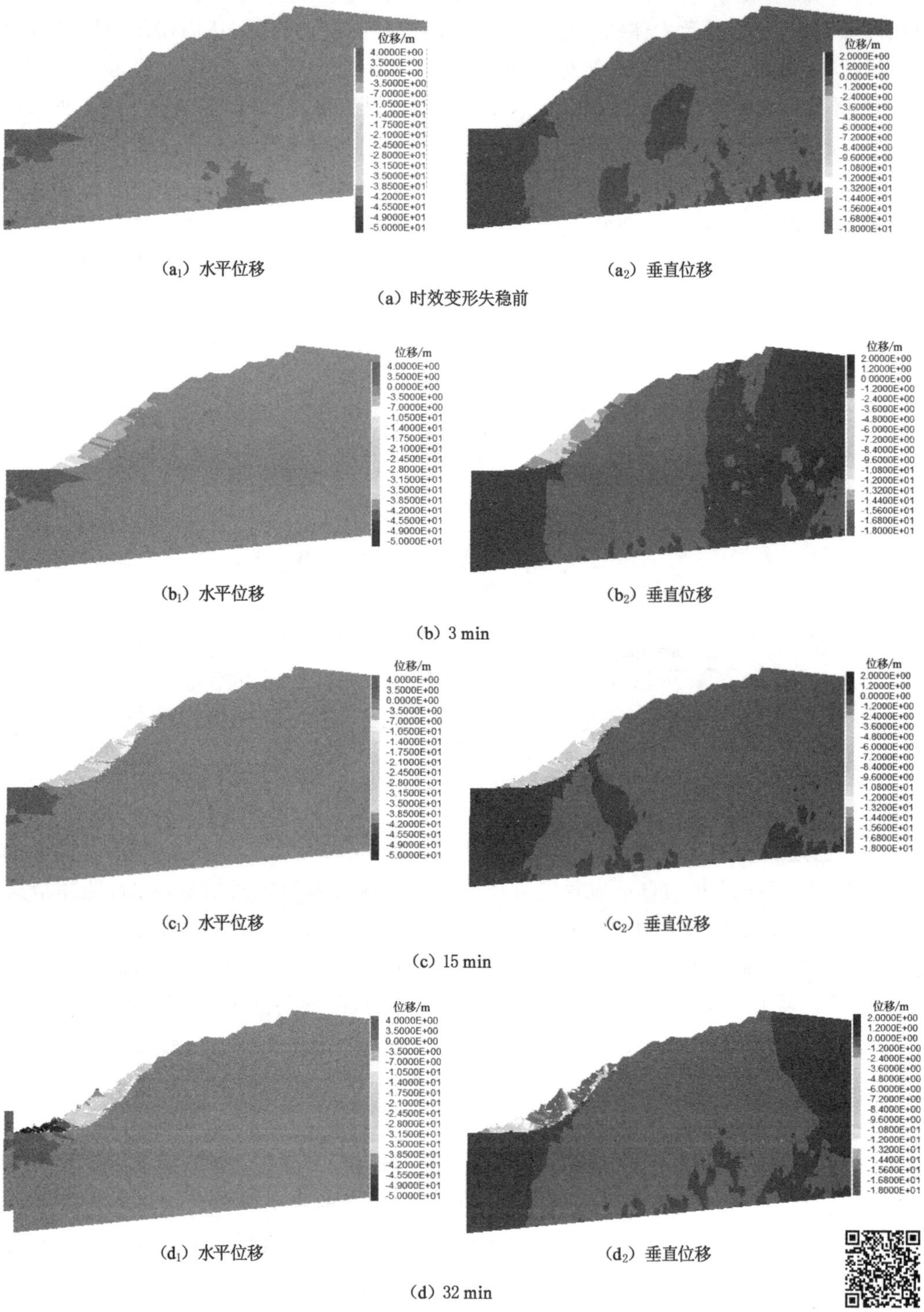

图 5-16　2014 年北帮 E1000 时效变形失稳过程

（负值代表向下和向左的位移）

步降低，从而导致边坡逐渐失稳形成滑坡。由图 5-17 可以看出，第 6 min 时，边坡发生整体滑动，滑坡体前缘的水平位移速度最大，约为 0.038 m/s，同时，滑坡体有垂直位移，滑坡体后缘的垂直位移速度最大，约为 0.006 m/s，滑坡体的后缘向左水平滑移了大约 6.8 m，前缘向左滑移了约 22 m，滑坡体顶部沉降了大约 1.5 m；滑坡体的位移速度不断增大，第 14 min 和第 35 min 时，滑坡体前缘位移速度分别约为 0.041 m/s 和 0.052 m/s，第 35 min 时滑坡体前缘向左滑移了约 55.7 m，滑坡体后缘下降了约 8.3 m。

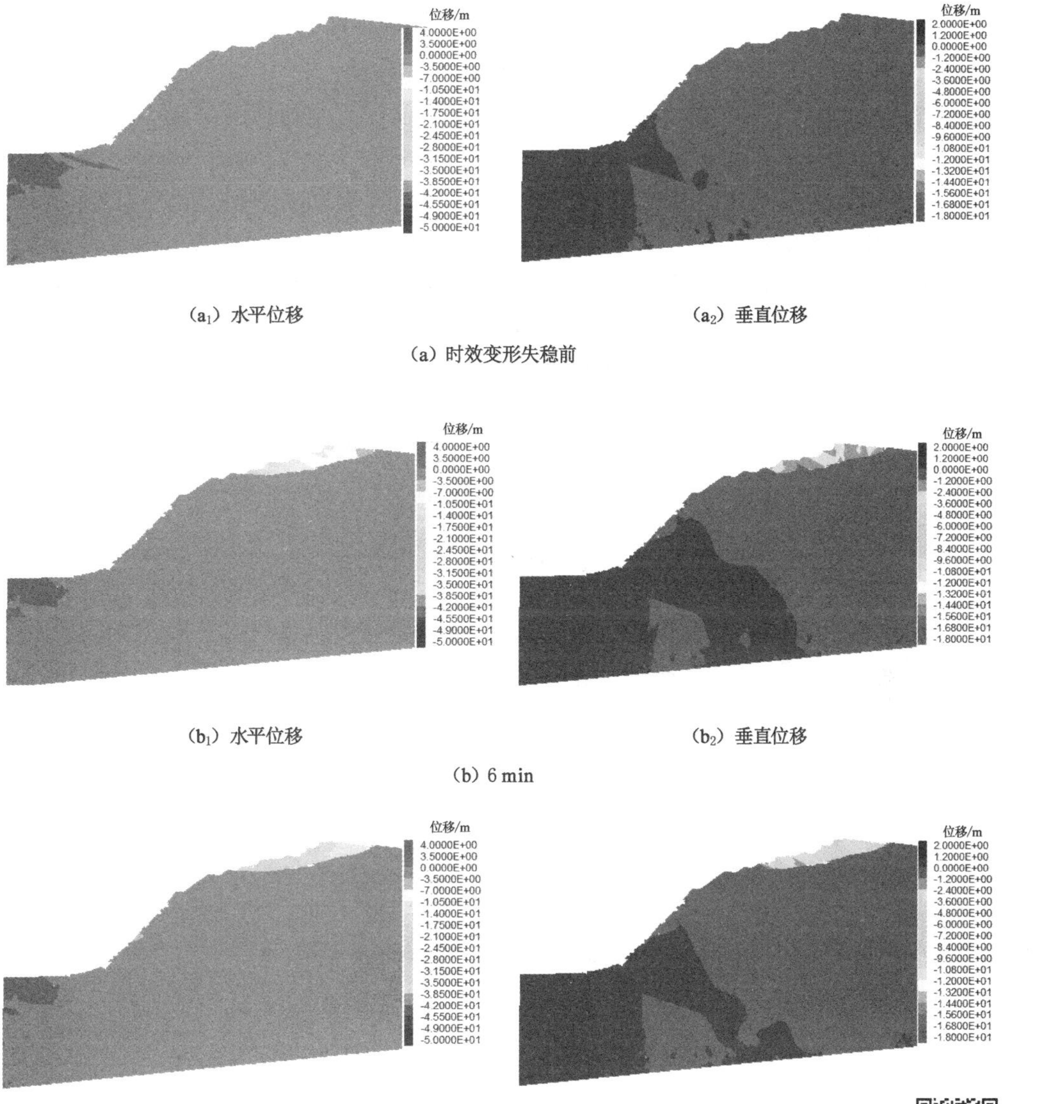

(a₁) 水平位移　(a₂) 垂直位移

(a) 时效变形失稳前

(b₁) 水平位移　(b₂) 垂直位移

(b) 6 min

(c₁) 水平位移　(c₂) 垂直位移

(c) 14 min

图 5-17　2016 年北帮 E1000 失稳滑坡过程

（负值代表向下和向左的位移）

(d₁) 水平位移

(d₂) 垂直位移

(d) 35 min

图 5-17(续)

图 5-18 所示为抚顺西露天矿北帮 E1000 的失稳滑坡示意图，图中 F_1、F_{1-1}、F_{1-2} 和 F_{1-3} 表示断层。从图 5-18 中可以看出，本书模拟得到的 E1000 剖面的时效变形失稳过程和现场的两次滑坡范围较为接近，与现场发生滑坡的位置和形态一致。从模拟结果和实际的滑坡过程可以看出，边坡容易在底部产生应力集中，并形成贯通裂纹，因此，为保证边坡的稳定，需要对边坡进行回填压脚加固处理或采取疏干排水的措施。

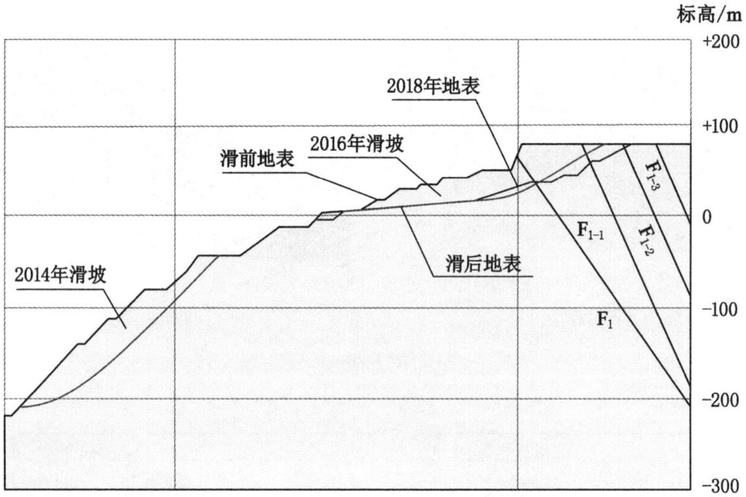

图 5-18　2014 年和 2016 年 E1000 失稳滑坡示意

参考文献

[1] 黄润秋，王贤能，唐胜传，等. 深埋长隧道工程开挖的主要地质灾害问题研究[J]. 地质灾害与环境保护，1997，8(3)：50-68.

[2] 黄润秋，黄达，段绍辉，等. 锦屏Ⅰ级水电站地下厂房施工期围岩变形开裂特征及地质力学机制研究[J]. 岩石力学与工程学报，2011，30(1)：23-35.

[3] 许强，张登项，郑光. 锦屏Ⅰ级水电站左岸坝肩边坡施工期破坏模式及稳定性分析[J]. 岩石力学与工程学报，2009，28(6)：1183-1192.

[4] 钱七虎. 地下工程建设安全面临的挑战与对策[J]. 岩石力学与工程学报，2012，31(10)：1945-1956.

[5] BAUD P，ZHU W L，WONG T F. Failure mode and weakening effect of water on sandstone[J]. Journal of geophysical research：solid earth，2000，105(B7)：16371-16389.

[6] 乔丽苹，刘建，冯夏庭. 砂岩水物理化学损伤机制研究[J]. 岩石力学与工程学报，2007，26(10)：2117-2124.

[7] 唐春安，唐世斌. 岩体中的湿度扩散与流变效应分析[J]. 采矿与安全工程学报，2010，27(3)：292-298.

[8] 仵彦卿，张倬元. 岩体水力学导论[M]. 成都：西南交通大学出版社，1995.

[9] SHI G H，GOODMAN R E. Generalization of two-dimensional discontinuous deformation analysis for forward modelling[J]. International journal for numerical and analytical methods in geomechanics，1989，13(4)：359-380.

[10] 张开雨，夏开文，刘丰. 基于 Voronoi 多边形离散的 DDA 方法模拟岩石破坏[J]. 岩石力学与工程学报，2021，40(4)：725-738.

[11] 徐栋栋，邬爱清，李聪，等. 破裂全过程模拟的改进非连续变形分析方法[J]. 岩土力学，2019，40(3)：1169-1178.

[12] NING Y J，YANG J，AN X M，et al. Modelling rock fracturing and blast-induced rock mass failure via advanced discretisation within the discontinuous deformation analysis framework[J]. Computers and geotechnics，2011，38(1)：40-49.

[13] POTYONDY D O. A grain-based model for rock：Approaching the true microstructure [C]//Proceedings of Norwegian Group for Rock Mechanics，Kongsberg，Norway，June 9-1，2010.

[14] PENG J，WONG L N Y，TEH C I. Influence of grain size heterogeneity on strength and microcracking behavior of crystalline rocks[J]. Journal of geophysical research：solid earth，2017，122(2)：1054-1073.

[15] PENG J，WONG L N Y，TEH C I，et al. Modeling micro-cracking behavior of bukit

timah granite using grain-based model[J]. Rock mechanics and rock engineering, 2018,51(1):135-154.

[16] 胡训健,卞康,刘建,等. 细观结构的非均质性对花岗岩蠕变特性影响的离散元模拟研究[J]. 岩石力学与工程学报,2019,38(10):2069-208.

[17] SONG Z Y, KONIETZKY H, HERBST M. Bonded-particle model-based simulation of artificial rock subjected to cyclic loading[J]. Acta geotechnica, 2019, 14(4): 955-971.

[18] KAZERANI T, ZHAO J. Micromechanical parameters in bonded particle method for modelling of brittle material failure[J]. International journal for numerical and analytical methods in geomechanics, 2010, 34(18):1877-1895.

[19] FABJAN T, IVARS D M, VUKADIN V. Numerical simulation of intact rock behaviour via the continuum and Voronoi tesselletion models: a sensitivity analysis [J]. Acta geotechnica slovenica, 2015, 12(2):4-23.

[20] GAO F Q, KANG H P. Grain-based discrete-element modeling study on the effects of cementation on the mechanical behavior of low-porosity brittle rocks [J]. International journal of geomechanics, 2017, 17(9):04017061.

[21] GAO F Q, STEAD D. The application of a modified Voronoi logic to brittle fracture modelling at the laboratory and field scale[J]. International journal of rock mechanics and mining sciences, 2014, 68:1-14.

[22] TAN X, KONIETZKY H, CHEN W. Numerical simulation of heterogeneous rock using discrete element model based on digital image processing[J]. Rock mechanics and rock engineering, 2016, 49(12):4957-4964.

[23] POTYONDY D O. Simulating stress corrosion with a bonded-particle model for rock [J]. International Journal of rock mechanics and mining sciences, 2007, 44(5): 677-691.

[24] 赵博,徐涛,杨圣奇,等. 循环载荷作用下高应力岩石疲劳损伤破坏数值模拟与试验研究[J]. 中南大学学报(自然科学版),2021,52(8):2725-2735.

[25] GHAZVINIAN E, DIEDERICHS M S, QUEY R. 3D random Voronoi grain-based models for simulation of brittle rock damage and fabric-guided micro-fracturing[J]. Journal of rock mechanics and geotechnical engineering, 2014, 6(6):506-521.

[26] LI X F, LI H B, ZHAO J. 3D polycrystalline discrete element method (3PDEM) for simulation of crack initiation and propagation in granular rock[J]. Computers and geotechnics, 2017, 90:96-112.

[27] MÜLLER C, FRÜHWIRT T, HAASE D, et al. Modeling deformation and damage of rock salt using the discrete element method [J]. International journal of rock mechanics and mining sciences, 2018, 103:230-241.

[28] 孙钧. 岩石流变力学及其工程应用研究的若干进展[J]. 岩石力学与工程学报,2007,26(6):1081-1106.

[29] WANG J A, LI D Z, SHANG X C. Creep failure of roof stratum above mined-out area

[J]. Rock mechanics and rock engineering,2012,45(4):533-546.

[30] SCHOENBALL M, SAHARA D P, KOHL T. Time-dependent brittle creep as a mechanism for time-delayed wellbore failure [J]. International journal of rock mechanics and mining sciences,2014,70:400-406.

[31] ZHANG L, LIU Y R, YANG Q. Study on time-dependent behavior and stability assessment of deep-buried tunnels based on internal state variable theory [J]. Tunnelling and underground space technology,2016,51:164-174.

[32] BLANCO MARTÍN L, RUTQVIST J, BIRKHOLZER J T. Long-term modeling of the thermal-hydraulic-mechanical response of a generic salt repository for heat-generating nuclear waste[J]. Engineering geology,2015,193:198-211.

[33] XU T, XU Q, DENG M L, et al. A numerical analysis of rock creep-induced slide: a case study from Jiweishan Mountain, China[J]. Environmental earth sciences,2014,72(6):2111-2128.

[34] WANG G J, ZHANG L, ZHANG Y W, et al. Experimental investigations of the creep-damage-rupture behaviour of rock salt [J]. International journal of rock mechanics and mining sciences,2014,66:181-187.

[35] 范庆忠,高延法. 分级加载条件下岩石流变特性的试验研究[J]. 岩土工程学报,2005,27(11):38-41.

[36] BOUKHAROV G N, CHANDA M W, BOUKHAROV N G. The three processes of brittle crystalline rock creep[J]. International journal of rock mechanics and mining sciences and geomechanics abstracts,1995,32(4):325-335.

[37] 李化敏,李振华,苏承东. 大理岩蠕变特性试验研究[J]. 岩石力学与工程学报,2004,23(22):3745-3749.

[38] 崔希海,付志亮. 岩石流变特性及长期强度的试验研究[J]. 岩石力学与工程学报,2006,25(5):1021-1024.

[39] 蔡燕燕,孙启超,俞缙,等. 蠕变作用后大理岩强度与变形特性试验研究[J]. 岩石力学与工程学报,2017,36(11):2767-2777.

[40] 张清照,沈明荣,丁文其. 锦屏绿片岩力学特性及长期强度特性研究[J]. 岩石力学与工程学报,2012,31(8):1642-1649.

[41] MISHRA B, VERMA P. Uniaxial and triaxial single and multistage creep tests on coal-measure shale rocks[J]. International journal of coal geology,2015,137:55-65.

[42] 张龙云,张强勇,杨尚阳,等. 大岗山坝区辉绿岩卸围压三轴流变试验及分析[J]. 中南大学学报(自然科学版),2015,46(3):1034-1042.

[43] 肖明砾,卓莉,谢红强,等. 三轴压缩蠕变试验下石英云母片岩各向异性蠕变特性研究[J]. 岩土力学,2015,36(增刊2):73-80.

[44] GHAMGOSAR M, ERARSLAN N, WILLIAMS D J. Experimental investigation of fracture process zone in rocks damaged under cyclic loadings [J]. Experimental mechanics,2017,57(1):97-113.

[45] 杨春和,白世伟,吴益民. 应力水平及加载路径对盐岩时效的影响[J]. 岩石力学与工程

学报,2000,19(3):270-275.

[46] KENDRICK J E, SMITH R, SAMMONDS P, et al. The influence of thermal and cyclic stressing on the strength of rocks from Mount St. Helens, Washington[J]. Bulletin of volcanology, 2013, 75(7):728.

[47] 闫子舰,夏才初,李宏哲,等.分级卸荷条件下锦屏大理岩流变规律研究[J].岩石力学与工程学报,2008,27(10):2153-2159.

[48] 黄达,杨超,黄润秋,等.分级卸荷量对大理岩三轴卸荷蠕变特性影响规律试验研究[J].岩石力学与工程学报,2015,34(增1):2801-2807.

[49] 张忠亭,罗居剑.分级加载下岩石蠕变特性研究[J].岩石力学与工程学报,2004,23(2):218-222.

[50] 曹平,刘业科,蒲成志,等.一种改进的岩石黏弹塑性加速蠕变力学模型[J].中南大学学报(自然科学版),2011,42(1):142-146.

[51] 殷德顺,任俊娟,和成亮,等.一种新的岩土流变模型元件[J].岩石力学与工程学报,2007,26(9):1899-1903.

[52] 王军保,刘新荣,王铁行.基于改进分数阶黏滞体的岩石非线性蠕变模型[J].中南大学学报(自然科学版),2015,46(4):1461-1467.

[53] 徐卫亚,杨圣奇,褚卫江.岩石非线性黏弹塑性流变模型(河海模型)及其应用[J].岩石力学与工程学报,2006,25(3):433-447.

[54] ZHAO Y L, WANG Y X, WANG W J, et al. Modeling of non-linear rheological behavior of hard rock using triaxial rheological experiment[J]. International journal of rock mechanics and mining sciences, 2017, 93:66-75.

[55] YANG W D, ZHANG Q Y, LI S C, et al. Time-dependent behavior of diabase and a nonlinear creep model[J]. Rock mechanics and rock engineering, 2014, 47(4):1211-1224.

[56] 王伟,吕军,王海成,等.砂岩流变损伤模型研究及其工程应用[J].岩石力学与工程学报,2012,31(增2):3650-3658.

[57] 陈卫忠,王者超,伍国军,等.盐岩非线性蠕变损伤本构模型及其工程应用[J].岩石力学与工程学报,2007,26(3):467-472.

[58] 何志磊,朱珍德,朱明礼,等.基于分数阶导数的非定常蠕变本构模型研究[J].岩土力学,2016,37(3):737-744.

[59] 陈沅江,潘长良,曹平,等.基于内时理论的软岩流变本构模型[J].中国有色金属学报,2003,13(3):735-742.

[60] CHARLES R J. Static fatigue of glass. I[J]. Journal of applied physics, 1958, 29(11):1549-1553.

[61] CHARLES R J. Dynamic fatigue of glass[J]. Journal of applied physics, 1958, 29(12):1657-1662.

[62] SCHOLZ CH. Mechanism of creep in brittle rock[J]. Journal of geophysical research, 1968, 73(10):3295-3302.

[63] 曹平,曹日红,赵延林,等.岩石裂纹扩展-破断规律及流变特征[J].中国有色金属学

报,2016,26(8):1737-1762.

[64] ATKINSON B K. Subcritical crack growth in geological materials[J]. Journal of geophysical research:solid earth,1984,89(B6):4077-4114.

[65] ATKINSON B K, MEREDITH P. The theory of subcritical crack growth with applications to minerals and rocks[M]//ATKINSON B K. Fracture mechanics of rock. London:Academic Press,1987.

[66] ATKINSON B K,MEREDITH P G. Stress corrosion cracking of quartz:a note on the influence of chemical environment[J]. Tectonophysics,1981,77(1/2):T1-T11.

[67] WIEDERHORN S M,FREIMAN S W,FULLER E R,et al. Effects of water and other dielectrics on crack growth[J]. Journal of materials science,1982,17(12):3460-3478.

[68] 曹平,杨慧,江学良,等.水岩作用下岩石亚临界裂纹的扩展规律[J].中南大学学报(自然科学版),2010,41(2):649-654.

[69] EPPES M C,KEANINI R. Mechanical weathering and rock erosion by climate-dependent subcritical cracking[J]. Reviews of geophysics,2017,55(2):470-508.

[70] 胡光辉,徐涛,陈崇枫,等.基于离散元法的脆性岩石细观蠕变失稳研究[J].工程力学,2018,35(9):26-36.

[71] CHEN W,KONIETZKY H. Simulation of heterogeneity,creep,damage and lifetime for loaded brittle rocks[J]. Tectonophysics,2014,633:164-175.

[72] RICHARDS L A. Capillary conduction of liquids through porous mediums[J]. Physics,1931,1(5):318-333.

[73] KANG M,PERFECT E,CHENG C L,et al. Diffusivity and sorptivity of berea sandstone determined using neutron radiography[J]. Vadose zone journal,2013,12(3):1-8.

[74] ZHAO Y X,XUE S B,HAN S B,et al. Effects of microstructure on water imbibition in sandstones using X-ray computed tomography and neutron radiography[J]. Journal of geophysical research:solid earth,2017,122(7):4963-4981.

[75] JELINKOVA V,SNEHOTA M,POHLMEIER A,et al. Effects of entrapped residual air bubbles on tracer transport in heterogeneous soil:Magnetic resonance imaging study[J]. Organic geochemistry,2011,42(8):991-998.

[76] LEECH C,LOCKINGTON D,DUX P. Unsaturated diffusivity functions for concrete derived from NMR images[J]. Materials and structures,2003,36(6):413-418.

[77] NAKASHIMA Y. The use of X-ray CT to measure diffusion coefficients of heavy ions in water-saturated porous media[J]. Engineering geology,2000,56(1/2):11-17.

[78] ROELS S,CARMELIET J. Analysis of moisture flow in porous materials using microfocus X-ray radiography[J]. International journal of heat and mass transfer,2006,49(25/26):4762-4772.

[79] HEINDEL T J. A review of X-ray flow visualization with applications to multiphase flows[J]. Journal of fluids engineering,2011,133(7):074001.

[80] AKIN S,SCHEMBRE J M,BHAT S K,et al. Spontaneous imbibition characteristics of diatomite[J]. Journal of petroleum science and engineering, 2000, 25 (3/4): 149-165.

[81] TAUD H,MARTINEZ-ANGELES R,PARROT J F,et al. Porosity estimation method by X-ray computed tomography[J]. Journal of petroleum science and engineering,2005, 47(3/4):209-217.

[82] DAVID C, MENENDEZ B, MENGUS J M. X-ray imaging of water motion during capillary imbibition: Geometry and kinetics of water front in intact and damaged porous rocks[J]. Journal of geophysical research:solid earth,2011,116(B3).

[83] PONS A,DAVID C,FORTIN J,et al. X-ray imaging of water motion during capillary imbibition:a study on how compaction bands impact fluid flow in Bentheim sandstone [J]. Journal of geophysical research:solid earth,2011,116(B3).

[84] DAVID C, SAROUT J, DAUTRIAT J, et al. Ultrasonic monitoring of spontaneous imbibition experiments: Precursory moisture diffusion effects ahead of water front [J]. Journal of geophysical research:solid earth,2017,122(7):4948-496.

[85] OESCH T, WEISE F, MEINEL D, et al. Quantitative in situ analysis of water transport in concrete completed using X-ray computed tomography[J]. Transport in porous media,2019,127(2):371-389.

[86] ZHANG P, WITTMANN F H, ZHAO T J, et al. Neutron radiography, a powerful method to determine time-dependent moisture distributions in concrete[J]. Nuclear engineering and design,2011,241(12):4758-4766.

[87] EL ABD A, ABDEL-MONEM A M, KANSOUH W A. Experimental determination of moisture distributions in fired clay brick using a 252Cf source: a neutron transmission study[J]. Applied radiation and isotopes,2013,74:78-85.

[88] PERFECT E,CHENG C L,KANG M,et al. Neutron imaging of hydrogen-rich fluids in geomaterials and engineered porous media: a review[J]. Earth-science reviews, 2014,129:120-135.

[89] KIM F H, PENUMADU D, HUSSEY D. Water distribution variation in partially saturated granular materials using neutron imaging[J]. Journal of geotechnical and geoenvironmental engineering,2011,138(2):147-154.

[90] ZHAO Y X, WU Y, HAN S B, et al. Water sorptivity of unsaturated fractured sandstone: Fractal modeling and neutron radiography experiment[J]. Advances in water resources,2019,130:172-183.

[91] ZHAO Y X,XUE S B,HAN S B,et al. Characterization of unsaturated diffusivity of tight sandstones using neutron radiography[J]. International journal of heat and mass transfer,2018,124:693-705.

[92] GUMMERSON R J, HALL C, HOFF W D, et al. Unsaturated water flow within porous materials observed by NMR imaging[J]. Nature,1979,281:56-57.

[93] KOPTYUG I V. MRI of mass transport in porous media: Drying and sorption

processes[J]. Progress in nuclear magnetic resonance spectroscopy,2012,65:1-65.

[94] MITCHELL J,CHANDRASEKERA T C,HOLLAND D J,et al. Magnetic resonance imaging in laboratory petrophysical core analysis[J]. Physics reports,2013,526(3):165-225.

[95] KUIJPERS C, HUININK H, ADAN O, et al. Transport of complex mixtures in porous materials studied with NMR imaging [R]. Eindhoven University of Technology,2014.

[96] CARPENTER T A,DAVIES E S,HALL C,et al. Capillary water migration in rock: process and material properties examined by NMR imaging [J]. Materials and structures,1993,26(5):286-292.

[97] 周科平,胡振襄,李杰林,等.基于核磁共振技术的大理岩卸荷损伤演化规律研究[J].岩石力学与工程学报,2014,33(A2):3523-2530.

[98] 周科平,胡振襄,高峰,等.基于核磁共振技术的大理岩三轴压缩损伤规律研究[J].岩土力学,2014,35(11):3117-3122.

[99] ZHOU Z L, CAI X, CAO W Z, et al. Influence of water content on mechanical properties of rock in both saturation and drying processes[J]. Rock mechanics and rock engineering,2016,49(8):3009-3025.

[100] HEAP M J,VILLENEUVE M,KUSHNIR A R L,et al. Rock mass strength and elastic modulus of the Buntsandstein: an important lithostratigraphic unit for geothermal exploitation in the Upper Rhine Graben[J]. Geothermics, 2019, 77: 236-256.

[101] MASUDA K. Effects of water on rock strength in a brittle regime[J]. Journal of structural geology,2001,23(11):1653-1657.

[102] NICOLAS A,FORTIN J,REGNET J B,et al. Brittle and semi-brittle behaviours of a carbonate rock: influence of water and temperature [J]. Geophysical journal international,2016,206(1):438-456.

[103] TANG S B,YU C Y,HEAP M J,et al. The influence of water saturation on the short- and long-term mechanical behavior of red sandstone[J]. Rock mechanics and rock engineering,2018,51(9):2669-2687.

[104] WONG L N Y,MARUVANCHERY V,LIU G. Water effects on rock strength and stiffness degradation[J]. Acta geotechnica,2016,11(4):713-737.

[105] GRGIC D,AMITRANO D. Creep of a porous rock and associated acoustic emission under different hydrous conditions[J]. Journal of geophysical research:solid earth, 2009,114,B10201.

[106] HAWKINS A B,MCCONNELL B J. Sensitivity of sandstone strength and deformability to changes in moisture content[J]. Quarterly journal of engineering geology,1992,25(2):115-130.

[107] VASARHELYI B. Some observations regarding the strength and deformability of sandstones in dry and saturated conditions[J]. Bulletin of engineering geology and

the environment,2003,62(3):245-249.

[108] ERGULER Z A,ULUSAY R. Water-induced variations in mechanical properties of clay-bearing rocks[J]. International journal of rock mechanics and mining sciences, 2009,46(2):355-370.

[109] VERSTRYNGE E, ADRIAENS R, ELSEN J, et al. Multi-scale analysis on the influence of moisture on the mechanical behavior of ferruginous sandstone[J]. Construction and building materials,2014,54:78-90.

[110] 周子龙,熊成,蔡鑫,等.单轴载荷下不同含水率砂岩力学和红外辐射特征[J].中南大学学报(自然科学版),2018,49(5):1189-1196.

[111] 于超云,唐世斌,唐春安.含水率对红砂岩瞬时和蠕变力学性质影响的试验研究[J].煤炭学报,2019,44(2):473-481.

[112] YU C Y,TANG S B,TANG C A,et al. The effect of water on the creep behavior of red sandstone[J]. Engineering geology,2019,253:64-74.

[113] 俞缙,李宏,陈旭,等.渗透压-应力耦合作用下砂岩渗透率与变形关联性三轴试验研究[J].岩石力学与工程学报,2013,32(6):1203-1213.

[114] 蒋宇静,王刚,李博,等.岩石节理剪切渗流耦合试验及分析[J].岩石力学与工程学报,2007,26(11):2253-2259.

[115] HEAP M J, BAUD P, MEREDITH P G, et al. Brittle creep in basalt and its application to time-dependent volcano deformation[J]. Earth and planetary science letters,2011,307(1/2):71-78.

[116] HEAP M J, BAUD P, MEREDITH P G, et al. Time-dependent brittle creep in Darley Dale sandstone[J]. Journal of geophysical research: solid earth, 2009, 114,B07203.

[117] HEAP M J, BRANTUT N, BAUD P, et al. Time-dependent compaction band formation in sandstone[J]. Journal of geophysical research: solid earth, 2015, 120(7):4808-4830.

[118] YANG S Q,JING H W,CHENG L. Influences of pore pressure on short-term and creep mechanical behavior of red sandstone[J]. Engineering geology, 2014, 179: 10-23.

[119] VAN EECKHOUT E M. The mechanisms of strength reduction due to moisture in coal mine shales[J]. International journal of rock mechanics and mining sciences and geomechanics abstracts,1976,13(2):61-67.

[120] PARKS G A. Surface and interfacial free energies of quartz[J]. Journal of geophysical research:solid earth,1984,89(B6):3997-4008.

[121] RUTTER E H, MAINPRICE D H. The effect of water on stress relaxation of faulted and unfaulted sandstone[J]. Pure and applied geophysics, 1978, 116(4): 634-654.

[122] BELL F G. Petrographical factors relating to porosity and permeability in the fell sandstone[J]. International journal of rock mechanics and mining sciences and

geomechanics abstracts,1979,16(3):5.
[123] KASIM M,SHAKOOR A. An investigation of the relationship between uniaxial compressive strength and degradation for selected rock types[J]. Engineering geology,1996,44(1/2/3/4):213-227.
[124] CUSS R J,RUTTER E H,HOLLOWAY R F. The application of critical state soil mechanics to the mechanical behaviour of porous sandstones[J]. International journal of rock mechanics and mining sciences,2003,40(6):847-862.
[125] LIN M L,JENG F S,TSAI L S,et al. Wetting weakening of tertiary sandstones: microscopic mechanism[J]. Environmental geology,2005,48(2):265-275.
[126] DEMARCO M M,JAHNS E,RÜDRICH J,et al. The impact of partial water saturation on rock strength:an experimental study on sandstone[J]. Zeitschrift der Deutschen Gesellschaft Für Geowissenschaften,2008,158(4):869-882.
[127] SHAKOOR A,BAREFIELD E H. Relationship between unconfined compressive strength and degree of saturation for selected sandstones[J]. Environmental and engineering geoscience,2009,15(1):29-40.
[128] WASANTHA P L P,RANJITH P G. Water-weakening behavior of Hawkesbury sandstone in brittle regime[J]. Engineering geology,2014,178:91-101.
[129] PAPAMICHOS E,BRIGNOLI M,SANTARELLI F J. An experimental and theoretical study of a partially saturated collapsible rock[J]. Mechanics of cohesive-frictional materials,1997,2(3):251-278.
[130] SCHMITT L,FORSANS T,SANTARELLI F J. Shale testing and capillary phenomena[J]. International journal of rock mechanics and mining sciences and geomechanics abstracts,1994,31(5):411-427.
[131] WEST G. Effect of suction on the strength of rock[J]. Quarterly journal of engineering geology,1994,27(1):51-56.
[132] HASSANIZADEH S M,GRAY W G. Thermodynamic basis of capillary pressure in porous media[J]. Water resources research,1993,29(10):3389-3405.
[133] PRUESS K,TSANG Y W. On two-phase relative permeability and capillary pressure of rough-walled rock fractures[J]. Water resources research,1990,26(9):1915-1926.
[134] FIROOZABADI A,HAUGE J. Capillary pressure in fractured porous media[J] Journal of petroleum technology,1990,42(6):784-791.
[135] ANDERSON W G. Wettability literature survey- part 4:effects of wettability on capillary pressure[J]. Journal of petroleum technology,1987,39(10):1283-1300.
[136] ROZHKO A. Capillary phenomena in partially-saturated rocks:theory of effective stress[C]//Proceedings of 45th U. S. Rock Mechanics/Geomechanics Symposium,San Francisco,California,June 26-29,2011.
[137] REITSMA S,KUEPER B H. Laboratory measurement of capillary pressure-saturation relationships in a rock fracture[J]. Water resources research,1994,

30(4):865-878.

[138] 周创兵,叶自桐,熊文林.岩石节理非饱和渗流特性研究[J].水利学报,1998(3):22-25.

[139] 周创兵,叶自桐,韩冰.岩石节理非饱和渗透特性初步研究[J].岩土工程学报,1998,20(6):1-4.

[140] WAZA T,KURITA K,MIZUTANI H. The effect of water on the subcritical crack growth in silicate rocks[J]. Tectonophysics,1980,67(1/2):25-34.

[141] NARA Y,KANEKO K. Study of subcritical crack growth in andesite using the Double Torsion test[J]. International journal of rock mechanics and mining sciences,2005,42(4):521-530.

[142] NARA Y,TANAKA M,HARUI T. Evaluating long-term strength of rock under changing environments from air to water[J]. Engineering fracture mechanics,2017,178:201-211.

[143] NARA Y,YAMANAKA H,OE Y,et al. Influence of temperature and water on subcritical crack growth parameters and long-term strength for igneous rocks[J]. Geophysical journal international,2013,193(1):47-60.

[144] 冯西桥,余寿文.准脆性材料细观损伤力学[M].北京:高等教育出版社,2000.

[145] 程桦,陈汉青,曹广勇,等.多孔岩石冻融水分迁移损伤机制及试验验证[J].岩石力学与工程学报,2020,39(9):1739-1749.

[146] BAKKE S,ØREN P E. 3-D pore-scale modelling of sandstones and flow simulations in the pore networks[J]. SPE journal,1997,2(2):136-149.

[147] BERNABE Y. Pore geometry and pressure dependence of the transport properties in sandstones[J]. International journal of rock mechanics and mining sciences and geomechanics abstracts,1991,56(4):424-576.

[148] WARDLAW N C,LI Y,FORBES D. Pore-throat size correlation from capillary pressure curves[J]. Transport in porous media,1987,2(6):597-614.

[149] ZHANG X,SANDERSON D J,BARKER A J. Numerical study of fluid flow of deforming fractured rocks using dual permeability model[J]. Geophysical journal international,2002,151(2):452-468.

[150] ZENG Q,WANG Y Y,LI K F. Uniform model for moisture transport in porous materials and its application to concrete at selected Chinese regions[J]. Journal of materials in civil engineering,2014,26:05014001.

[151] TOKUNAGA T K,WAN J M. Water film flow along fracture surfaces of porous rock[J]. Water resources research,1997,33(6):1287-1295.

[152] TAIBI S,DUPERRET A,FLEUREAU J M. The effect of suction on the hydro-mechanical behaviour of chalk rocks[J]. Engineering geology,2009,106(1/2):40-50.

[153] GRGIC D,GIOT R,HOMAND F,et al. Effect of suction on the mechanical behaviour of iron ore rock[J]. International journal for numerical and analytical methods in geomechanics,2005,29(8):789-827.

[154] YILMAZ I. Influence of water content on the strength and deformability of gypsum [J]. International journal of rock mechanics and mining sciences, 2010, 47(2): 342-347.

[155] FREDLUND D G, MORGENSTERN N R, WIDGER R A. The shear strength of unsaturated soils[J]. Canadian geotechnical journal, 1978, 15(3): 313-321.

[156] KUEPER B H, MCWHORTER D B. The behavior of dense, nonaqueous phase liquids in fractured clay and rock[J]. Groundwater, 1991, 29(5): 716-728.

[157] Itasca. UDEC[M]. Minneapolis: Itasca Consulting Group Inc. 2018.

[158] VAN GENUCHTEN M T. A closed-form equation for predicting the hydraulic conductivity of unsaturated soils[J]. Soil science society of America journal, 1980, 44(5): 892-898.

[159] CHARLES R J. Static fatigue of glass. Ⅱ [J]. Journal of applied physics, 1958, 29(11): 1554-1560.

[160] HILLIG W B. Surfaces, stress-dependent surface reactions and strength: 64-RL-3756M[R]. Schenectady: General Electric Research Laboratory, 1965.

[161] WIEDERHORN S M. A chemical interpretation of static fatigue[J]. Journal of the American ceramic society, 1972, 55(2): 81-85.

[162] WIEDERHORN S M. Influence of water vapor on crack propagation in soda-lime glass[J]. Journal of the American ceramic society, 1967, 50(8): 407-414.

[163] MICHALSKE T A, FREIMAN S W. A molecular interpretation of stress corrosion in silica[J]. Nature, 1982, 295: 511-512.

[164] FREIMAN S W. Effects of chemical environments on slow crack growth in glasses and ceramics [J]. Journal of geophysical research: solid earth, 1984, 89 (B6): 4072-4076.

[165] MARTIN R J. Time-dependent crack growth in quartz and its application to the creep of rocks[J]. Journal of geophysical research, 1972, 77(8): 1406-1419.

[166] SCHOLZ C H. Static fatigue of quartz[J]. Journal of geophysical research, 1972, 77(11): 2104-2114.

[167] ATKINSON B K. Subcritical crack propagation in rocks: theory, experimental results and applications[J]. Journal of structural geology, 1982, 4(1): 41-56.

[168] 姚海林. 关于基质吸力及几个相关问题的一些思考[J]. 岩土力学, 2005, 26(1): 67-70.

[169] 刘泉声, 王中伟. 基于数字图像处理的岩石数值模拟研究进展[J]. 岩石力学与工程学报, 2020, 39(增 2): 3286-3296.

[170] LAN H X, MARTIN C D, QI S W, et al. A 3D grain based model for characterizing the geometric heterogeneity of brittle rock[C] //Proceedings of the 47th U. S. Rock Mechanics/Geomechanics Symposium, San Francisco, California, June 23-26, 2013.

[171] LAN H X, MARTIN C D, HU B. Effect of heterogeneity of brittle rock on micromechanical extensile behavior during compression loading [J]. Journal of

geophysical research:solid earth,2010,115,B01202.

[172] LIANG Z Z. Three-dimensional failure process analysis of rock and associated numerical test[D]. Shenyang:Northeastern University of China,2005.

[173] TANG C A, LIU H, LEE P K K, et al. Numerical studies of the influence of microstructure on rock failure in uniaxial compression:Part I:effect of heterogeneity[J]. International journal of rock mechanics and mining sciences,2000,37(4):555-569.

[174] ITASCA. FLAC3D[M]. Minneapolis:Itasca Consulting Group Inc. ,2016.

[175] 冯春,李世海,姚再兴.基于连续介质力学的块体单元离散弹簧法研究[J].岩石力学与工程学报,2010,29(增1):2690-2704.

[176] MUNJIZA A, OWEN D R J, BICANIC N. A combined finite-discrete element method in transient dynamics of fracturing solids[J]. Engineering computations, 1995,12(2):145-174.

[177] CAI M, KAISER P K, MORIOKA H, et al. FLAC/PFC coupled numerical simulation of AE in large-scale underground excavations[J]. International journal of rock mechanics and mining sciences,2007,44(4):550-564.

[178] ZHAO X B,ZHAO J,CAI J G,et al. UDEC modelling on wave propagation across fractured rock masses[J]. Computers and geotechnics,2008,35(1):97-104.

[179] CHEN W,KONIETZKY H,TAN X,et al. Pre-failure damage analysis for brittle rocks under triaxial compression[J]. Computers and geotechnics,2016,74:45-55.

[180] AZOCAR K D. Investigating the mesh dependency and upscaling of 3D grain-based models for the simulation of brittle fracture processes in low-porosity crystalline rock[D]. Kingston:Queen's University,2016.

[181] QUEY R,DAWSON P R,BARBE F. Large-scale 3D random polycrystals for the finite element method:Generation,meshing and remeshing[J]. Computer methods in applied mechanics and engineering,2011,200(17/18/19/20):1729-1745.

[182] QUEY R,RENVERSADE L. Optimal polyhedral description of 3D polycrystals: method and application to statistical and synchrotron X-ray diffraction data[J]. Computer methods in applied mechanics and engineering,2018,330:308-333.

[183] BASS J D. Elasticity of minerals,glasses,and melts[M]//AHRENS T J. Mineral physics and crystallography: a handbook of physical constants. Washington: American Geophysical Union,1995.

[184] VILLENEUVE M C. Examination of geological influence on machine excavation of highly stressed tunnels in massive hard rock[D] Kingston:Queen's University,2008.

[185] BAŽANT Z P,NAJJAR L J. Drying of concrete as a nonlinear diffusion problem[J]. Cement and concrete research,1971,1(5):461-473.

[186] HALL C,HOFF W D. Water Transport in Brick,Stone and Concrete[M]. 3rd ed. London:CRC Press,2021.

[187] DAS S,SCHOLZ C H. Theory of time-dependent rupture in the earth[J]. Journal of geophysical research:solid Earth,1981,86(B7):6039-6051.

[188] ITASCA. 3DEC[M]. Minneapolis:Itasca Consulting Group Inc. ,2013.

[189] 杨天鸿.岩石破裂过程渗透性质及其与应力耦合作用研究[J].岩石力学与工程学报,2002,21(3):457.

[190] 许江,杨红伟,彭守建,等.孔隙水压力-围压作用下砂岩力学特性的试验研究[J].岩石力学与工程学报,2010,29(8):1618-1623.

[191] GAO F Q,STEAD D,ELMO D. Numerical simulation of microstructure of brittle rock using a grain-breakable distinct element grain-based model[J]. Computers and geotechnics,2016,78:203-217.

[192] LI X F,ZHANG Q B,LI H B,et al. Grain-based discrete element method (GB-DEM) modelling of multi-scale fracturing in rocks under dynamic loading[J]. Rock mechanics and rock engineering,2018,51(12):3785-3817.

[193] LOCKNER D. The role of acoustic emission in the study of rock fracture[J]. International journal of rock mechanics and mining sciences and geomechanics abstracts,1993,30(7):883-899.

[194] SCHOLZ C H. The frequency-magnitude relation of microfracturing in rock and its relation to earthquakes[J]. The bulletin of the Seismological Society of America,1968,58(1):399-415.

[195] SCHOLZC H. Experimental study of the fracturing process in brittle rock[J]. Journal of geophysical research,1968,73(4):1447-1454.

[196] LOCKNER D A,BYERLEE J D,KUKSENKO V,et al. Quasi-static fault growth and shear fracture energy in granite[J]. Nature,1991,350(6313):39.

[197] TANG C M. Numerical simulation of progressive rock failure and associated seismicity[J]. International journal of rock mechanics and mining sciences,1997,34(2):249-261.

[198] ZHANG X P,WONG L. Choosing a proper loading rate for bonded-particle model of intact rock[J]. International journal of fracture,2014,189:163-179.

[199] XU T,FU T F,HEAP M,et al. Mesoscopic damage and fracturing of heterogeneous brittle rocks based on three-dimensional polycrystalline discrete element method [J]. Rock mechanics and rock engineering,2010,53:5389-5409.

[200] FARAHMAND K,VAZAIOS I,DIEDERICHS M S,et al. Investigating the scale-dependency of the geometrical and mechanical properties of a moderately jointed rock using a synthetic rock mass (SRM) approach[J]. Computers and geotechnics,2018,95:162-179.

[201] ZHU D F,TU S H,MA H S,et al. A 3D Voronoi and subdivision model for calibration of rock properties[J]. Modelling and simulation in materials science and engineering,2017,25(8):085005.

[202] WADELL H. Volume,shape,and roundness of quartz particles[J]. Journal of geology,1935,43(3):250-280.

[203] TRASK P D,HAMMAR H E,WU Z C. Origin and environment of source

sediments of petroleum[M]:Houston:Gulf Publishing Company,1932.

[204] EBERHARDT E,STIMPSON B,STEAD D. Effects of grain size on the initiation and propagation thresholds of stress-induced brittle fractures[J]. Rock mechanics and rock engineering,1999,32(2):81-99.

[205] FREDRICH J T, EVANS B, WONG T F. Effect of grain size on brittle and semibrittle strength: Implications for micromechanical modelling of failure in compression[J]. Journal of geophysical research: solid earth, 1990, 95(B7): 10907-10920.

[206] PŘIKRYL R. Some microstructural aspects of strength variation in rocks[J]. International journal of rock mechanics and mining sciences,2001,38(5):671-682.

[207] NEMAT-NASSER S, HORII H. Rock failure in compression[J]. International journal of engineering science,1984,22(8/9/10):999-1011.

[208] OŽBOLT J,RAH K K,MEŠTROVIĆ D. Influence of loading rate on concrete cone failure[J]. International journal of fracture,2006,139(2):239-252.

[209] EVANGELIDES C,ARAMPATZIS G,TSAMBALI A A,et al. Moisture estimation in building materials with a simple procedure[J]. Construction and building materials,2018,164:830-836.

[210] EVANGELIDES C, ARAMPATZIS G, TZIMOPOULOS C. Estimation of soil moisture profile and diffusivity using simple laboratory procedures[J]. Soil science, 2010,175(3):118-127.

[211] 苏承东,付义胜.红砂岩三轴压缩变形与强度特征的试验研究[J].岩石力学与工程学报,2014,33(增1):3164-3169.

[212] 杨永明,鞠杨,陈佳亮,等.三轴应力下致密砂岩的裂纹发育特征与能量机制[J].岩石力学与工程学报,2014,33(4):691-698.

[213] HAO S W,WANG H Y,XIA M F,et al. Relationship between strain localization and catastrophic rupture[J]. Theoretical and applied fracture mechanics, 2007, 48(1):41-49.

[214] BAUD P,ROLLAND A,HEAP M,et al. Impact of stylolites on the mechanical strength of limestone[J]. Tectonophysics,2016,690:4-20.

[215] 穆康,李天斌,俞缙,等.围压效应下砂岩声发射与压缩变形关系的细观模拟[J].岩石力学与工程学报,2014,33(增1):2786-2793.

[216] BRANTUT N,HEAP M J,MEREDITH P G,et al. Time-dependent cracking and brittle creep in crustal rocks:a review[J]. Journal of structural geology,2013,52:17-43.

[217] KRANZ R L,HARRIS W J,CARTER N L. Static fatigue of granite at 200 ℃[J]. Geophysical research letters,1982,9(1):1-4.

[218] HAN G,DUSSEAULT M B,COOK J. Quantifying rock capillary strength behavior in unconsolidated sandstones[C]//Proceedings of SPE/ISRM Rock Mechanics

Conference:Society of Petroleum Engineers,October 20-23,2002.
[219] 中华人民共和国水利部.工程岩体分级标准:GB 50218—2014[S].北京:中国计划出版社,2014.
[220] 重庆市城乡建设委员会.建筑边坡工程技术规范:GB 50330—2013[S].北京:中国建筑工业出版社,2013.
[221] 刘春,范宣梅,朱晨光,等.三维大规模滑坡离散元建模与模拟研究:以茂县新磨村滑坡为例[J].工程地质学报,2019,27(6):1362-1370.
[222] YANG T H,XU T,LIU H Y,et al. Rheological characteristics of weak rock mass and effects on the long-term stability of slopes[J]. Rock mechanics and rock engineering,2014,47(6):2253-2263.
[223] 杨天鸿,解联库,王善勇,等.抚顺西露天矿北帮边坡治理工程效果初步评价[J].岩石力学与工程学报,2005,24(11):1841-1846.
[224] 刘晓健.冻融循环下抚顺西露天矿绿色泥岩变形强度特性研究[D].沈阳:东北大学,2020.
[225] 王永胜,郭静芸,董高峰,等.辽宁抚顺西露天矿北帮边坡稳定性分析及变形分区[J].中国地质灾害与防治学报,2012,23(4):86-89.
[226] 张有天,刘中.降雨过程裂隙网络饱和/非饱和、非恒定渗流分析[J].岩石力学与工程学报,1997,16(2):104-111.
[227] 周庆科,金峰,王恩志,等.离散单元法的饱和/非饱和渗流模型及其实验验证[J].水力发电学报,2003,22(3):34-39.